特攻 知られざる内幕

「海軍反省会」当事者たちの証言

戸高一成 編
Todaka Kazushige

PHP新書

はじめに

本書は、平成二十一年八月の第一巻刊行以来、足かけ十年を費やして、この平成三十年八月に第十一巻をもって完結した『[証言録]海軍反省会』（ＰＨＰ研究所）の中から、「特攻」に関わる議論の主要な箇所をピックアップし、再編集したものである。

『[証言録]海軍反省会』は、昭和五十五年から平成三年まで百三十一回、海軍の中堅幹部と言える海軍士官たちによって行われた、「海軍反省会」の記録である。「海軍反省会」での発言者は、計五十五名に及んでいるが、その中心的な発言者の多くは終戦時における大佐、中佐であり、しかも海軍省、軍令部、連合艦隊などでの副官や参謀としての勤務経験を持っていたことから、彼らの発言には、当事者しか語り得ない多様な内容が含まれていた。

「海軍反省会」は、昭和期の海軍の失敗の反省を行うことで、後世の参考となることを目指していた。そのため、時には発言が個人攻撃になる場合もあり得る、という理由から、会合自体を公開せず、発言内容については、主な発言者が存命中は公表しないという方針であった。

毎回テーマを決めて、関係者に発言を求めたもので、内容は、海軍の制度、人事、作戦、術科、技術など、多方面にわたる発言と質疑が繰り返された。

編者は、この「海軍反省会」の幹事であった土肥一夫《どひかずお》氏の部下であったことから、この会の記録の保存と将来の公開を託されていた者である。

平成二十一年から、「海軍反省会」の録音テープの文字起こしを行い、『[証言録]海軍反省会』として刊行を始め、本年(平成三十年)、ようやく最終巻となる十一巻を刊行した。

本シリーズは刊行期間を通じて多数の温かな応援の声を頂いたが、反面、あまりに浩瀚《こうかん》に過ぎ、なかなか読み通せない、また、自由な会議の発言をそのまま記録しているために、目的の箇所をなかなか探せない、などの声も多かった。

これらに対して、最終巻に総索引を附すなど読者の便宜を図ったが、なかなか十分とはいえない状態であった。特に開戦、終戦の経緯、作戦の経過などについて、発言や議論が各巻に分散しているため、全編からテーマごとに再編集できないかという要望も頂いた。

それらに応えるべく、今回海軍の作戦の中でも特に大きな問題を含む「特攻作戦」に関して、各巻の発言の中から、主要な箇所をまとめることとした。これが本書である。

従来、「特攻作戦」については多くの調査研究がなされているが、海軍関係者のみが議論した音声資料をまとめた史料はなく、本書がいわば、当事者の思いを直接知ることのできる史料となっている。

本書は、別々の時期に開催された「海軍反省会」での発言を、それぞれ別個の章として扱ったために、発言の多寡に大きな差があるが、これは不要な編集加工を避けたためであることを申し添えておきたい。

平成三十年十二月

戸髙一成

特攻　知られざる内幕

目次

第二章　水中特攻作戦の真相を語る

第三章　特攻と原爆の功と罪

第四章　『あゝ同期の桜』の生き残りが語る特攻

第五章 「決死の戦法」が「必死の戦法」に変えられるとき

第七章　特攻を指示したのは誰か

第八章　変人参謀・黒島亀人と特攻

〈本書における発言者〉

第一章

特攻の本質と終戦への影響

【第一章の内容について】

本章は昭和五十八年六月九日に行われた、第四十二回「海軍反省会」において議論された内容である。

『［証言録］海軍反省会』の第五巻に収録されている。

特攻については、発案、実行、結果という要素があるが、第一章では、第六艦隊（潜水艦隊）で回天《かいてん》特攻作戦の担当参謀であった鳥巣建之助《とりすけんのすけ》氏の発言から始まっている。実際に特攻作戦を指導するという、苦しい体験を背景にした鳥巣氏の特攻論には、非常に重いものがある。

議論の中では、特攻作戦というものが、戦後長く言われていたように、レイテ決戦でやむを得ずに始められたというものではなく、かなり早い時期から着々と準備されていた作戦であることが明らかにされている。

特に連合艦隊参謀であった中島親孝《なかじまちかたか》氏による、「黒島亀人《くろしまかめと》が、山本五十六《やまもといそろく》連合艦隊司令長官戦死の後、連合艦隊参謀から軍令部二部長に転出した昭和十八年夏、軍令部に着任直後から特攻作戦を要求していた」という発言は、特攻作戦の発案時期が、実際の特攻開始よりも一年以上も前であったことを示すものであり、特攻作戦の根の深さが伝わるものとなっている。

しかし、同時に、海軍関係者の心の中では、特攻を否定し、責任を追及する気持ちと同時に、戦後の外部からの厳しい非難に対する釈明、あるいは釈明しなければならないという気持ちが、当事者であるがために、分離しがたく交錯している。

中でも特に、「日米ともに特攻作戦が終戦の実現の背景に影響を与えていたのではないか」という主張には、特攻作戦の中に最後の意義を見出そうとする思いが読み取れる。

議論の全体を通して、特攻に関わっていた人間と、直接関わりのなかった人間との、特攻作戦に対する心情の温度差などが、微妙な発言から窺えるのも、会議記録の特徴と言える。

◉戦後もずっと特攻について考えてきた

土肥　じゃあ今日は予定に従いまして、鳥巣《とりす》（建之助《けんのすけ》・兵58）さんの特攻に関するご意見から伺いたいと思います。

鳥巣　それでは私、今日はご指名によりまして、「回天《かいてん》の本質」ということについて、お話をさせて頂きます。

最初に特攻と私について簡単にお話し申し上げたほうが、後のご理解をしやすいんじゃないかと思いますので、回天と私の関係を申し上げます。

私は開戦のとき、潜水学校の甲種学生だったのでありますが、すぐ呂六五の艦長になりまして、次いで伊一六五の艦長になってインド洋作戦に参加いたしました。

そのときにインド洋上でイギリスのコモンオリビヤス（編者未確認）という商船を撃沈しましたが、その後で、これは昭和十七年の八月二十五日でありますが、レーダーにつかまりまして、敵駆逐艦三隻に包囲されて、ソナーの攻撃を受けたんです。

おそらくレーダーの体験を受けた最初の頃じゃないかと考えております。

中期に呉《くれ》潜戦（潜水戦隊）の参謀をちょっとやりまして、それから海軍大学校の甲種学生。

ところが十九年の二月にトラックの大空襲がありまして、それで急遽海軍大学校の教程が繰り上げ卒業になりまして、私は十九年の三月に六艦隊の水雷参謀に変わりまして、トラックに着任したわけです。

その直後に大本営で特四式内火艇《とくよんしきないかてい》の奇襲作戦の計画があり、次いで特攻兵器震海《しんかい》、それから回天の兵器が次々と出てまいりました。

したがって私は六艦隊に着任した直後から終戦まで、ずっと特攻作戦と関係をしておったわけであります。

そういう関係で戦争中はもちろん、戦後も特攻とは何かということを真剣に考えて、三十数年間経過したわけでありますので、私は私なりに特攻ということについて、私なりの考え方を持っておるわけであります。

今日申し上げます特攻の本質は、私が戦争中及び戦後いろいろ考えた、私の考えの集約と言っても差し支えないんじゃないかというふうに考えておるわけです。

もちろん私の考えは、これは私の考え方でありまして、いろいろ皆さんのご意見があると思いますけども、その件につきましては、あとでまたいろいろご教示を賜りたいと考えております。

今日、配って頂きました（資料）「特攻の本質」でありますが、あとでそれを参考にご説明させて頂きます。次にこの原稿を書くにあたりまして、次のような参考文献を参照いたしましたので、一応、申し上げます。

佐々木半九（兵45）さんの『鎮魂の海』（一九六八年、読売新聞社）、吉岡勲氏の『ああ黒木博司少佐』（一九七九年、教育出版文化協会）、読売の『天皇の昭和史』（一九六八年、読売新聞社）、草柳大蔵の『特攻の思想』（一九七二年、文藝春秋社）、江崎誠致の『回天特攻隊』（『文藝春秋』秋特別号）、小沢郁郎の『特攻隊論――つらい真実』（一九七八年、たいまつ社）、板倉光馬の『あゝ伊号潜水艦』（一九六九年、光人社）、『きけわだつみのこえ』（一九五九年、光文社）、司馬遼太郎の『花神』（一九七二年、新潮社）、山岡荘八の『吉田松陰』（一九六八年、学習研究社）、それから山本健吉の『いのちとかたち』（一九八一年、新潮社）、岡潔の『人間の建設』（一九六五年、新潮社）、チャーチルの『第二次世界大戦』（一九七二年、河出書房新社）、ウォーナーの『神風』（一九八二年、時事通信社）、トインビーの『未来を生きる』（一九七一年、毎日新聞社）、ジェームズ・バーンズの『ローズベルトと第二次大戦』（一九七二年、時事通信社）、リード・カーターの『海上補給戦』（『豆と弾丸と重油』*Beans Bullets And Black Oil*,

W. R. Carter, 1953)、こういうものをいろいろ参照させて頂いて、この論文を書いた次第であります。

◉大本営海軍部が特攻に踏み切ったのは昭和十九年七月

鳥巣　それでは本論に移らせて頂きます。

まず、特攻の決断、であります。

特攻という名前は、ご承知のように「特別攻撃隊」を略して「特攻」というふうにしたわけでありますけれども、特別攻撃隊というそもそもの名前は、これは開戦のときの特殊潜航艇につけた名前でありまして、これは昭和十六年の十一月、六艦隊の先任参謀の松村寛治《まつむらかんじ》(兵50)中佐の発案で、六艦隊の清水《しみず》(光美《みつみ》・兵36)長官が命名されたことになっております。

ところがこの特攻、特別攻撃隊と現在我々が言っておる特攻とは、ちょっとニュアンスが違うのであります。

我々の今言ってる特攻というのは、いわゆる万死零生《ばんしれいせい》の絶対死の攻撃を意味しておりまして、その限りにおいては特殊潜航艇、真珠湾奇襲の第一次特別攻撃隊、それから十七年五月

昭和19年10月25日、敷島隊の特攻機が命中した、空母セント・ロー

三十一日決行されました、シドニーとマダガスカルのディエゴスワレスへの第二次特別攻撃隊も、厳密な意味では特攻ではなかったのであります。

これらの特別攻撃隊はほとんど（生還）不可能ではありましたけれども、収容の手段は講じられておりまして、これは万死零生の作戦ではありません。

これに対していわゆる「特攻」は絶対死を前提としておりまして、その行使はご承知のように昭和十九年十月下旬、第一航空艦隊司令長官の大西《おおにし》（瀧治郎《たきじろう》・兵40）中将の決断によって、神風特別攻撃隊の突入に始まることは、ご承知のようであります。

しかし、この時点で特攻が突然出たものではありません。

大本営海軍部が正式に特攻に踏み切りましたのは、昭和十九年の七月であったと見るのが至当《しとう》であります。

もちろんそれよりも半年も早く、海軍省や軍令部が動き出しておったわけでありまして、それを本格的に意思表示したのが十九年の七月であるというふうに見ておるぐらいなんです。

◉海軍が特攻兵器を造る決意をした日

鳥巣　この件については実は中澤《なかざわ》（佑《たすく》・兵43）中将に対しても私、異論を差し挟んだわけでありますけれども。

中澤（佑・兵43）中将が軍令部の一部長のとき、当時、源田《げんだ》（実《みのる》・兵52）さんなんかも関係しとったわけですが、昭和十九年七月二十一日に軍令部の総長（嶋田繁太郎《しまだしげたろう》・兵32）から豊田《とよだ》（副武《そえむ》・兵33）連合艦隊長官に捷《しょう》号作戦に対する指令が出ております。「大海指」第四三一号別紙というのが出ています。

その中に、「潜水部隊の作戦」というのがありまして、その中に、「大部をもって邀撃《ようげき》作戦あるいは戦機に投ずる奇襲作戦を実施する」ということが書いてあります。

ついで、その次に「奇襲作戦」という項目がありまして、その二に、「潜水艦、飛行機、特殊奇襲兵器などをもってする各種奇襲戦の実施に務む。局地奇襲兵力はこれを重点的に集中配備し、敵艦隊または敵侵攻兵力の海上撃滅に努む」ということが明記しておるわけです。

この「大海指」の中にあります奇襲作戦、特殊奇襲兵器、局地奇襲兵力などという言葉は、どういうことを意味するのかと申し上げますと、ちょうどこの十九年の七月に⑥《まるろく》兵器、後の回天でございます、の試作が完了しておるのです。

そして、八月一日に正式に「回天」というふうに命名されたのであります。

このことは結局、この特攻兵器がもっと以前に非公式ながら中央で取り上げられて、施行が決定されていたことを物語るものでありまして。

それは昭和十九年二月二十六日に、これは当時、山本《やまもと》（善雄《よしお》・兵47）軍務部一課長の下で勤務しておりました、吉松田守《よしまつたもり》（兵55）中佐の記憶にもはっきりしとるわけですが、海軍省軍務局第一課長の山本善雄（兵47）大佐は水中特攻兵器⑥《まるろく》の試作を内定し、呉海軍工廠魚雷実験部に、その設計試作を内示しました。

という て、山本（善雄・兵47）課長が突然これを決定したわけではありませんので。

その前提といたしまして、実はこの構想は呉の倉橋島《くらはしじま》の大浦崎《おおうらざき》におりました黒木博司《くろきひろし》（機51）中尉と仁科関夫《にしなせきお》（兵71）少尉、二人の間で発案されたわけです。

この二人は実は昭和十八年十月十五日にいわゆるP基地（大浦崎特殊潜航艇基地）で一緒になりまして、なんかこの頽勢《たいせい》を挽回する兵器はないかというふうに考えた結果ですね、いわゆる九三《きゅうさん》魚雷、酸素魚雷に注目いたしまして、そしてそれの見通しを立てました。十八年の暮れにその案を持って東京へ上京いたしまして、軍務局員の吉松田守（兵55）中佐を通じて、山本（善雄・兵47）一課長に会うて、これを具申したわけです。

ところがそのときには山本（善雄・兵47）課長ははっきり断っております。

ところがご承知のように、その後、戦局が急激に悪化いたしまして、先ほど申しましたようにトラックの大空襲になって、もういよいよどうにもならん、もはや特攻に頼るほかないというような状況になりまして、山本（善雄・兵47）一課長は大臣、あるいは軍務局長には相談せんで、直接呉の水雷部に試作する（命ずる）、と。もうとにかく試作するということでスタートしたわけであります。

これが昭和十九年二月二十六日でございます。

ところがそれと相前後いたしまして、軍令部でも同じような動きがあったわけであります。

特攻に最も熱心でありました軍令部の第二部長の黒島《くろしま》（亀人《かめと》・兵44）少将は、艦政本部の坂本義鑑《さかもとよしあき》技術大佐（造兵）を呼びまして、人間魚雷の緊急試作を指示しております。

これがだいたい、内藤《ないとう》（力《つとむ》・兵57）中佐なんかの記憶によりますと、十九年一月二十日頃だということであります。

いずれにいたしましても、十九年の一月、二月頃には海軍省も軍令部も特攻に対して乗り出すということは、これはもう間違いない事実です。

それ以外にですね、あとは読んで頂けばいいんですが、竹間忠三《ちくまちゅうぞう》（兵65）という潜水艦乗り、あるいは近江誠《おうみまこと》（兵70）、入沢三輝《いりざわみつてる》（兵63）というような人たちが、いろいろそれより前に人間魚雷の案を連合艦隊とか軍令部に上申、具申しております。

●特攻に関する下からの具申が次々出ていた

鳥巣　いよいよ水中特攻兵器を試作するということが決定した頃にですね、黒木（博司・機51）大尉は回天の試作が決定し、呉工廠機密区画で設計試作が進められた期間に、黒木（博司・機51）少佐は、当時大尉でありますが、十九年の五月に急務所見というものを血書《けっしょ》いたしまして、これは艦政本部におる島田東助《しまだとうすけ》技術少佐（造兵）も得まして、侍従武官の今井《いまい》（秋次郎《あきじろう》・兵54）中佐とか高松宮《たかまつのみや》（宣仁《のぶひと》親王・兵52）殿下にも是非見て頂きたいということで、急務所見というものを出しております。

それを仔細に読んでみますと、血書で約三〇〇〇字に及ぶ烈々たる所見でありまして、その中にとにかく死の戦法に徹すべきことを主題として書いております。

そしてまず第一に、航空機において即刻決定しろと。

第二に人間魚雷を完成採用すべきと。

更に空輸挺身隊を徹底的に活用しろ、というようなことを、所見に書いておるわけであります。

これは十九年の十月に航空特攻が出現する五カ月も前にすでに黒木（博司・機51）大尉は血書をしてそういう具申を出していたわけであります。

だいたいその頃ですね、すでに航空関係でもご承知のように、当時、（空母）千代田《ちよだ》の艦長をしておられました城英一郎《じょうえいいちろう》（兵47）大佐は、十九年の六月末に、もはや尋常一様の手段では敵空母を倒し得ない、体当たり攻撃をする特別攻撃隊を編成し、その指揮官に任命されたい、ということを進言しておるんです。

そして特攻航空部隊の計画を小澤治三郎《おざわじさぶろう》（兵37）中将と大西瀧治郎（兵40）中将に説明をしておるのであります。

今一つ十九年六月十五日には岡村基春《おかむらもとはる》（兵50）大佐が福留《ふくどめ》（繁《しげる》・兵40）中将宛てに、尋常一様の戦闘方法では現下の航空兵力を活かす道はない。もはや特攻あるのみ。というふうに進言するのです。

このように神風が出現する、すでに半年以上前から、特攻というものが飛行機でも、水中特攻でも盛んに動き出したということは出ているのです。

以上のように十九年の初夏までに水中特攻、航空特攻の上申が続き、十九年七月二十一日に先ほど申し上げました「大海指」が出たわけであります。

やがて水雷学校長の大森仙太郎《おおもりせんたろう》（兵41）中将が海軍特攻の実行委員長に任命されまして、九月には海軍特攻部が発足いたします。

こういうふうにして、水中特攻関係は完全に動き出したのでありますが、その水中特攻兵器は震洋《しんよう》という④《まるよん》兵器であります。それから⑥《まるろく》が回天、⑨《まるきゅう》が震海《しんかい》、③《まるさん》が海龍《かいりゅう》。こういうのが次々と研究されたのであります。

震海につきましては、前に潜水艦戦の失敗のときに私その裏話を申し上げまして、黒島（亀人・兵44）第二部長が私を国賊だというふうに決め付けられた経緯の兵器が、震海です。私はこの兵器は役に立たんと言うて反対したときに、黒島（亀人・兵44）少将に叱られたようなわけであります。

次は航空特攻の先鞭《せんべん》はご承知と思いますが、七六二空（第七六二海軍航空隊）の大田光男《おおたみつお》（特務）少尉が着想して、小川太一郎《おがわたいちろう》工学博士が設計しました人間爆弾（桜花《おうか》）であります。これは㊅《マルダイ》兵器と呼ばれておりますが、十九年の八月十六日、海軍航空技術廠で製造が開始されました。先に特攻を上申しました、岡村基春（兵50）大佐がこの㊅《マルダイ》部隊の編成を命じられています。

このように特攻というのは、もう神風が出る相当前から盛んに動いておったということは事実でございます。

◉具体化する特攻作戦

鳥巣　それからいよいよ特攻が本当に具体的に動き出した時期はですね、（前述の）「大海指」第四三一号に基づく奇襲作戦、すなわち特攻作戦が動きはじめたのは八月末であります。

まだ神風が出る二カ月前であります。

このときにですね、第一次特別決死隊の司令官である長井満《ながいみつる》（兵45）少将が軍令部に呼ばれまして、回天の一次攻撃に関する要請が内示されました。もちろん神風の出撃よりもずっと前であります。

そして出撃予定は十月末にしよう。そして、回天基数は一二ないし一六基。それから出撃搭乗員は全員士官にしようというようなことが出ております。

一方、軍令部のほうでは作戦課の航空参謀である、源田実（兵52）中佐が十月十三日、次の電文を起草して、第一部長中澤佑（兵43）少将の承認を得て発信をしております。まだ神風の出る少なくとも二十日、半月ぐらい前であります。

「神風隊攻撃の発表は全軍の士気高揚、ならびに国民戦意の振作に至大の影響を関係あるところ、各隊好機実施のつど、尽忠の至誠にむくい、攻撃隊（敷島隊・朝日隊等）とも併せ、適当の時期に発表のことに取り計らいたきところ、至急承知いたしたい」

こういう電報を打っておるわけです。

したがって、大本営が特攻部隊は地方の実施部隊がやったんで、大本営は知らなかったというようなことを言うこと自体が極めておかしいのでありまして、だから中澤（佑・兵43）さんとか源田（実・兵52）さんなんかが、もし頬被りしとったとなれば、これはまことにけしからん話だと私は考えておるのでございます。

◉特攻への批判を考察する

鳥巣　そこで、だいたい特攻はこういうふうな状況で決断されまして、発動になるわけでありますが、特攻に対することはもうたくさんの本が出ておりまして、その事実とかそういうことはもう皆さん充分ご承知でおられますので、一体、特攻に対する批判ですね。

もう特攻に対するのは非常に心許なくありまして、我々はやはり特攻をこてんぱんにやっつけておる者に対して、いかにこれを反駁《はんばく》できるかということが問題じゃないかというふうに考えまして、一応、まず特攻批判についてご説明申し上げます。

まず、昨年出ましたウォーナー氏が書きました『神風』（一九八二年、時事通信社）ですね、あれの中にこういうふうな批判をしております。

日本軍の特攻作戦とこれに伴う大量自殺以上に、多くの推測と議論とを巻き起こした戦争行為はほとんどない。特攻作戦はアメリカや文明国でショック、恐怖、懸念、狼狽、そして最初は、そんなことは信じられないといった態度でいろいろに受け取られた。特攻作戦は日本の文化、特質、伝統をどの程度反映したものか。特攻作戦は単なる精神錯乱だったのか。特攻作戦はどの程度に成功されたのか。

というふうに、ウォーナー氏は疑問を投げかけておるわけであります。

これに対して日本のいろんな人がいろんな批判をしております。

確かに特攻を強行しなければならなくなるまで戦争を止めようとしなかった戦争指導者や、このような残酷な戦法を採用した作戦指導者の責任は重大である。だが日本を滅亡させないためには、万死零生の戦いをも辞さなかった若い戦士の場合は全く別であります。

戦後多くの特攻批判があり、特攻は無謀であり、無駄である。そして特攻で死んでいった若者たちは、思慮のない自己判断に欠けた盲信または狂信者であると酷評する人が後を断ちません。

特攻の本質を考えるためには、まずこれらの痛烈な批判に考察を加えることから始める必要があるのではないかというふうに考えている次第であります。

◉特攻批判の代表例の三人が言っていること

鳥巣　そこで、この特攻の痛烈な批判をしたのをいろいろ調べてみましたところ、この三人が非常に代表的じゃないかというふうに私は考えまして、この三人を取り上げてまいりました。

一人は映画監督の松林宗恵《まつばやししゅうえ》であります。

次は作家の江崎誠致《えざきまさのり》であります。

次は小沢郁郎《おざわいくろう》、これは名前の知らない人でありますが、こういう『特攻隊論』（一九七八年、たいまつ社）という小さい本ですが、これを読みますとですね、特攻に対するいわゆる、とにかくこてんぱんに特攻をやっつけとるわけです。もう特攻なんて全くとんでもないことをやったというふうに書いております。

特にこの中でですね、一番批判を浴びておるのは陸軍特攻です。一番割合にこれで悪口を書いていないのは回天でありますが、その次が神風。とにかく見るに堪えないほどの悪口を書いております。

それに対する批判をすることは、非常にまた張り合いがありますので、それを私ずっと批判をしてきたのが、この論文でございます。

まず松林宗恵はですね、もうすでに三十年ぐらい前に『人間魚雷回天』という映画を出しています。

その中にですね、主役の回天搭乗員が出撃の前夜、死にたくないと言って泣きながらやけ酒を飲むシーンがあるんです。

私はこれを見ましてですね、これはいかんと思って回天のことを少し真剣に考え、研究し出したわけなんですが、こういう見方をされたんじゃ、これはもう死んでいった人に対して申し訳ないというふうに考えて、事実、こういう事実はありませんので、まずそれを。

そういう批判を当時は、あの当時の世相ではですね、特攻なんてバカ野郎がやったことだというふうにしか見ておりませんでしたから。

その次はよくいろんなものを書いております、江崎誠致です。

これが『文藝春秋』の特別号に「回天特攻隊」という論文を出しております。

これにも相当ひどいことを書いております。ずっと回天の特攻隊員、及び回天の悪口をとことんまで書いておるわけです。

そして回天搭乗員は、形式上は志願によって選ばれているけれども、当時の軍隊ではそれは強制と同じだと、兵隊と太鼓は叩くほど良くなるという教育方針の下に、彼らは連日連夜の猛訓練と、間断ない殴打と罵声の世界で、もうどうなっても構わないという習慣を身につけさせられた。

こういうふうに書いとるわけでございます。

あと次々と飛ばさせて頂きます。

それから「天皇陛下万歳」という言葉なんか全然ないんじゃないかと。特攻隊員はみんな「天皇陛下万歳」という言葉を言って死んでいったというふうに言っとるけども、というふうにここに書いておるわけです。

これは後でちょっと説明申し上げますけど、こういう批判があります。

それから最後に、彼らの死によってあがなわれたものは何か。何もない。空の神風特攻隊と共に、日本軍が行った無謀な戦術として、二十世紀の戦史に特異な一ページを加えていることに過ぎない。

要するに特攻なんていうものは何ら価値はなかったんだというふうな書き方をしとるわけであります。

次は小沢郁郎氏ですが、彼は非常に若い男で、十六歳のときに開戦になりまして、二十歳で終戦。戦争の後半は高等商船学校を卒業して、海上勤務で終戦を迎えております。そういう状況で、彼はちょうど特攻で死んでいった人々と同じぐらいの年頃だったわけです。非常に感受性の強い時期に終戦を迎えたわけです。

したがって彼はですね、非常に深刻に特攻というものを考えておったことは間違いないです。

そして彼が五十三歳のときにですね、特攻隊のこういう本を書いたわけです。彼のこれを読んでみますと、彼は海軍の特攻、陸軍の特攻、特攻に関するあらゆる本を渉猟《しょうりょう》いたしまして、非常に勉強しております。

確かによく勉強はしておりますけれども、とにかく特攻を全般にやっつけた本です。皆さんお読みになって非常に憤慨されるだろうと思いますが、読むに堪えないほどの悪口を書いてありますが、まあこういうものに対して私もしかし、反駁するのも非常に張り合いありますので、反駁したのであります。

彼はまず反撃を講じておりますのは、特攻の軍事的効果論への疑問だというものであります。

特に強調するのは、航空特攻による戦果について、彼は批判しております。

大事なことは巡洋艦以上の制式軍艦の撃沈ゼロということであろう。若者たちが命をかけて狙った正規空母はついに一隻も沈んでいない。撃沈数だけで効果的と主張するならば、撃沈トン数を計算してみてほしい。上陸用、輸送用を除いた全撃沈トン数が、例えばマリアナ沖海戦の約二分の一、特攻期間に日本が失った大和級戦艦や空母信濃の一隻分にも達していない。

要するに神風の戦果とか、その他水上特攻の戦果なんていうのは、全く取るに足らないのだというのが彼の結論でございます。

それで彼はまた、志願制というものに対しても非常な反論をしとるわけであります。

◉特攻批判をする人々が持ち出す五つの論点

鳥巣　そういうことで、いろいろ非常に彼らの批判論をずっと書きましたが、これはまあ一つ後で読んで頂くといたしまして、以上三種の批判論がだいたいこれを五項目に分類できると思います。

まず一番が、それこそ士官学校（陸士、海兵）出はほとんど特攻はやっていないんだと。予備学生や予科練に犠牲を強いてるんだという言い方が一つ。

それから次は、進んで特攻に殉じたのではなく、むしろいやいやながら死んでいったんだということを言っておるわけです。

それから三番目は、海軍は無謀、野蛮、易きに過ぎた。特攻を採用したのは、とにかく無謀である、野蛮である、易きに過ぎたんだという見方。

それから次は、志願というがこれは強制も同じだったんだ。

それから最後に、特攻は戦果は大したことなかったんだ、無駄で無益な作戦であった。という、この五項目にだいたい分類できるというふうに考えるわけでありますが。

そこでいよいよ私は、彼らの批判に対する私なりの考察を、これから述べさせてもらいたいと思うんであります。

まず、回天勇士の真実を歪曲しているということでありますが、松林宗恵は回天の搭乗員が泣きながら死にたくないと、泣きながらやけ酒を飲んだというふうに書いておりますけれども。

まあ私に言わせますと、一体そういうような心理状態で十日も二十日も潜水艦の艦内で死に直面しておって、平然としておれるのか。私はそういうような心情でやったら、おそらく発狂するか、生きられないと思うんです、人間は。

要するにいかに戦争中でもですね、だまされたり、おだてられたり、強制されたりしてですね、平然として死んでいけると考えるのは、これは烏滸《おこ》の沙汰である。死とはそんな生易しいものではないはずである。

これは彼ら若い人たちがですね、安心で死ねる境地におったからできたんだというふうに私は言っておるわけです。

それから次はですね、江崎氏は、しかしそんなことはもう私の知ったことではない、という日記のところを取り上げましてですね。

要するに、しかしそんなことはもう私の知ったことではない、ということはですな、要するに鬼神として死んでいったばかりじゃないんだと。

もう要するにやけになってるんだというふうに彼は解釈して、特攻隊員はそういう状況で、やけになって死んだんだというふうに取られるような書き方をしておるわけです。

ところがですね、この日記はですな、カッパブックスの『きけわだつみのこえ』（一九五九年、光文社）、にありまして、回天搭乗員和田稔《わだみのる》（予備学生）少尉が書いた、昭和二十年二月一日の日記の最後の一節であります。

この言葉だけを取り上げますと、確かに江崎氏が意図しているように、一種の自棄的印象を与えます。しかしそれで和田（稔・予備学生）少尉の心境を忖度《そんたく》するのは妄断であるというふうに思うのである。

もちろん誰人も喜んで死んでいくはずはありません。やむにやまれぬ気持ちであったと考えねばなりませんが、江崎氏の言葉の裏に隠されておると思われます、いやいやながら死んでいったんだという見方は当たらないと思うのです。和田稔（予備学生）少尉はこれは一高、東大で行った、将来優秀な頭の良い人なんでありますが、航海学校在学中の十九年七月二十二日付の日記には、次のように書いています。これはまだ回天が世の中に出ない前です。その頃に、すでに彼は、人間魚雷の考え方について、ということで。

現在ではこのような兵器によるほかに、打開策（はない）。

（テープ切り替え）

私はこうして、もし人間魚雷というものが日本にも生まれ、また現実に採用されつつあるとすれば、それに搭乗するのは私たちをおいてほかにはないだろうということを、不思議にてきぱきと、そして落ち着き払って考えているのである。

こういうふうに書いておるわけであります。

さらに二十年三月二十二日付の彼の日記には、
「屍《しかばね》を越えて行かねばならぬのは、私たちの心楽しい務めである。過去の一人ひとりの殉職は、すべて私たち搭乗員にとっても厳しい教訓となる」

その後ずっと彼は日記を書いておるのでありますが、要するに彼はすでに死生観を確立し、安心立命の境地に達しておったということを、この日記でも見ることができるのであります。

したがって、その江崎氏のような作家はですね、こういう日記は知っておりながらですね、そういうところは見て見ぬふりをして、とにかくちょっとした断片だけを取って、非難攻撃をしているということであります。

◉現場を見てきた者としての批判者たちへの違和感

鳥巣　次は先ほど申しました、機関学校、兵学校はほとんど特攻へは出てないではないか、予備学生と予科練たちだけに犠牲を払わせたんじゃないか。

というような見方をしているわけでありますが、私はそれは不忠実な史料の引用であるというふうに見とるわけであります。

江崎氏は回天の搭乗員は空の神風特攻隊と同様、ほとんど予備学生と予科練から選ばれているというふうに書いて、とにかく兵学校、機関学校出なんかは、自分たちは犠牲は全然払っていないんじゃないかというふうな書き方をしとるわけでありますけれども、事実は全然違います。

実際、戦死したのは八一名、殉職したのが一七名、結局、回天で死んだのは九八名であります。

けれども、兵学校出が一七名、機関学校が一二名、予備学生が二六名、予科練が三六名、水雷科の下士官が七名、こういうふうになっておりまして、決して予備学生、予科練たちにだけ犠牲を強いたわけではないのであります。

もちろん最後頃はほとんど兵学校出はもういなくなっておりましたから、死の予定者を加えれば彼の立論は決して嘘ではありませんけれども、実際はこういう状況であります。

次は、志願か強制かという問題です。

江崎氏、それから小沢氏は、志願も強制も結局同じで、奴隷的軍隊では特攻隊員の意思などは全く問題ではなかったんだというような、要するにもう日本の軍隊は奴隷的軍隊である、したがって彼らはもうとにかく志願とか強制なんていう問題ではないんだ、というような書き方をしとるわけであります。

けれども、これはまことに海軍、陸軍の特攻をですね、誹謗《ひぼう》するのもはなはだしいのではないかというふうに考えられておる。

そこで、予科練、予備学生の場合をちょっとご説明申し上げますと、予科練の場合は、全国おそらく数十万人の中から予科練に合格したのは約三万人でございます。

昭和十八年甲飛予科練採用人員、そのうちから熱望し、厳選された約一〇〇〇人が回天基地に入隊いたしました。三〇人に一人であります。そして、その中から結局三六人が回天搭乗員として出撃戦死、または殉職しました。強制出撃が長きにわたったケースは全く考えられないのであります。

予備学生の場合はどうかといいますと、一般兵科予備学生は十七年が九五八名、それから十八年が八二五六名、予備生徒が一五九三名。十九年が三二四二名でありますが、回天搭乗員になれたのは、多くの熱望者の中から僅《わず》かに一〇〇名前後であります。

そして最終的に殉職したのは予備学生が四名、戦死したのが二二名であります。

そして飛行機でも回天でもですね、操縦が非常に難しいんです。

よほどの精神力があり、運動神経の発達した者じゃないとですね、とても操縦もできないし、また出撃もできないわけです。

したがって、よほど熱望して真剣になってやる人でない限りはですね、いい加減でやれば必ず脱落するわけであります。

彼らが強制されて出撃されたというふうに考えるのはですね、作家とかそういう批評家たちが勝手に自分たちの想像で作文しておるというふうにしか考えられないのであります。

次は、「天皇陛下万歳」という言葉はほとんど言わなかったというふうなことを江崎氏は言っとるんでありますが。

そこで私は『回天』（一九七六年、回天刊行会）という遺書、遺文を収録したものでありますけれども、調べてみましたところ、要するに「国のため」、あるいは「天皇陛下万歳を三唱し」、あるいは「君のために」というような言葉は数限りなくあるわけでありまして、江崎氏が言うように、天皇陛下という言葉は全然ないなんていうことは、これはとんでもないことでありまして、みんなやはり「天皇陛下万歳」という、あるいは「君のために」ということを使っておるわけであります。

しかし、決してその天皇陛下とか、あるいは言う必要ももちろんないのであって、天皇陛下万歳ということと国家という言葉は、ほとんど帰するところは同じじゃないかというふうに私は考えておるのであります。

◉航空特攻の効果を検討する

鳥巣　次は、いよいよ特攻の効果ということについてご説明いたします。

この『特攻隊論』ではですね、神風特攻隊の戦果を、猪口《いのぐち》（力平《りきへい》）、中島《なかじま》（正《ただし》）本（『神風特別攻撃隊』一九五一年、日本出版協同）、それから富永《とみなが》（謙吾《けんご》）本（『大本営発表の真相史』一九七〇年、自由国民社）、吉田本（不明）、安延《やすのぶ》（多計夫《たけお》）本（『南溟の果てに』一九六〇年、自由アジア社）、あるいはアメリカの海軍年表（『米国海軍作戦年誌』一九五六年、出版協同社）、そういうものを全部調べ上げまして、その特攻の効果を検討しとるわけであります。

そして、彼はこう言っています。

撃沈隻数は五〇隻にも上るが、ほとんどが小物で、これらの合計トン数は正規空母一隻そこそこで大したことはなかった。その証拠に特攻は敵の進攻を食い止め得ず、ルソン、硫黄島、沖縄へと進攻、占領していったでないかと言うものです。

そこでですね、一体、航空特攻の戦果というものは本当にどのぐらい上がったんだということを、私なりに調査してみました。

これは実は従来の特攻に関するあらゆる本を集約して、最近出ましたいわゆるデニス・ウォーナー、ペギー・ウォーナー夫妻が書きました『神風』（一九八二年、時事通信社）に非常に詳しく出ております。

これは日本のやつだけではなくて、レイテなんかのアメリカのほうの戦果もすべてまとめて出しておりますので、最も信用できる戦果だというふうに私は見たわけです。

それによりますと、沈没が空母が三隻、駆逐艦が二一隻、それから揚陸艦艇が一七隻、（その他）一九隻、合計六〇隻が航空特攻で沈没しとるわけです。

それから致命的損害がですね、正規空母のタイコンデロガ、ホウイダン、バンカーヒル、エンタープライズの四隻。それから護衛空母がサンガモン、それから巡洋艦がオーストラリア、駆逐艦が三四隻、その他一〇隻で計五〇隻あります。それから大損害、この最初の大損害、今申し上げました五〇隻の大損害はですね、終戦まで戦列に復帰できなかったものでありまして、要するにほとんど沈没と同じような価値のある大損害です。それが今言ったように五〇隻なんです。

それから大損害、いわゆる物的大損害、または多数の死傷者を出したものがですね、ここにずっと出ておりますが、七五隻。

次に損害艦が、戦艦が一二隻、空母が一三隻、巡洋艦が一〇隻、護衛空母が一五隻。とにかく損害を受けたものは二二三隻にも上っておるわけです。

以上を全部総合いたしますと、航空特攻による被害一覧表をご覧頂くと分かりますが、全部で四〇八隻という膨大な数字に上ります。

そのうち沈没は六〇隻、致命的損害、戦列に加われなかったのが五〇隻、これだけでも一一〇隻です。その他大損害、最初のを合わせますと全部で四〇八隻、大変な損害を受けておるわけです。

小沢氏は連合国軍の艦艇の沈没隻数は多いが、その合計トン数は正規空母一隻分程度で大したことはなかったとし、致命的損害や大損害が甚大であった点は無視しております。

終戦まで戦線に復帰できないような致命的損害を被った空母五隻、大損害を被った空母一五隻もいたこと、そして全部で四〇〇隻以上の艦艇が多かれ少なかれ損害を受けた事実を見過ごすことはできないわけです。

そして、これらが後述するように、戦争の終結に至大の影響を与えたことは間違いないというふうに思うのであります。

そこで、神風特攻による壮絶な状況ですね、どういうふうにして撃沈され、どういうふうな大被害を受けたかということを、『神風』（一九八二年、時事通信社）から引用させてもらったのがずっとありますが、これは後でお暇があったら読んで頂ければと思います。要するにアメリカの航空母艦や軍艦なんか非常な大損害を受けたり、非常な脅威を受けたことはもう間違いない事実であります。

そこで、その中の一つを申し上げますと、沖縄攻略の海上部隊指揮官は第五艦隊司令長官レイモンド・スプルーアンス提督でありましたが、最初の旗艦、重巡洋艦インディアナポリスは三月三十一日、陸軍特攻隊に体当たりされて、爆弾は甲板を貫いて燃料タンクが爆発し戦闘不能となり、スプルーアンス提督は旗艦を戦艦ニューメキシコに移したということですね。

そしてインディアナポリスは応急処理の後、自力で八〇〇〇海里を航海して、サンフランシスコ湾のネア・アイランドに入りまして、ここで大修理をやりましたが、ちょうど七月に原爆をテニアンに運搬し、グアムからレイテに向かう途中、二十年七月二十九日夜半に回天特別攻撃隊、多聞《たもん》隊の伊五八潜に雷撃撃沈され、アメリカ海軍最大の悲劇となるのであります。

さて、四月初め第五艦隊旗艦となったニューメキシコは、四月十三日、またも神風の攻撃で大損害を被っております。

そしてスプルーアンス提督は、こういうふうに所見を言っておるわけであります。特攻機は極めて効果的な武器であり、我々はこれを過小評価してはならない。作戦海域にいなかったものは誰も艦船に対するその潜在的威力を認識することはできないと思う。特攻機は大気圏外から安全かつ効果的に爆弾を投下する我が陸軍の多くの重爆撃機とは全く反対である。

と述べておりますが、二回も特攻機の直撃を受け、かつ同様の攻撃を受けた別の四隻を目撃した提督の深刻な体験に基づく所見であります。

イギリス人の歴史家が沖縄戦線に従軍しまして、神風の恐ろしさは見た者でなければ分からないと述懐しておりますが、攻撃を受けるほうの立場でこれほど恐ろしいものはなかったのではないかと思うのです。

◉水上・水中特攻も米海軍を恐怖に陥れた

鳥巣　以上、航空特攻を過小評価しようと意図しているかのごとく見える小沢氏の特攻隊論に対して、検討を加えたわけでありますが、ここで水上特攻の戦果に触れておく必要があると思います。

従来、震洋特攻、いわゆるベニヤ板の自動車のエンジンを使ったあれは、昭和二十年の一月、二月、三月、四月、五月、比島方面及び沖縄で連合国軍の揚陸艇四隻、それから支援艇四隻を撃沈しております。それから駆逐艦六隻、戦車揚陸艦五隻、その他四隻、合計一五隻撃破の戦果を挙げていることを確認しておるのであります。

次に、水中特攻回天について検討を加えさせて頂きますが、回天特攻は前に私、潜水艦戦の失敗のときに多少ご説明申し上げましたので、ほんの簡単に話しますが、ウルシーでタンカーのミシシネワを撃沈する。それから駆逐艦アンダーヒルを撃沈するのはご承知のことと思います。この詳しいことは省かして頂きます。

そこで、ここで一つ追加させて頂きたいのでありますが、昭和十九年の十一月二十日、回天が初めてウルシーを奇襲したときに、そこに停泊しておりました戦闘部隊の指揮官シャーマン提督は、こういうふうな述懐をしております。

我々はあの日、終日、そして次の日も、今にも逃げ出さねばならぬ火薬箱の上に座っているような戦々恐々たる感じだった。休養を楽しむどころか、洋上のほうがよっぽど安全だったかに考えた。

昭和19年11月20日、回天特攻菊水隊の攻撃で炎上する給油艦ミシシネワ

こういうふうに述懐しておるのであります。

アンダーヒルの撃沈につきましては、これは洋上作戦でやったわけでありますけれども、省かして頂きます。

この（洋上）戦闘でタンカーや輸送船の被害は不明であります。これらは天武隊、伊三六潜はじめ船団を攻撃した前回についても同様でありまして、戦果を確認し得ないのがまことに残念であります。

といって、全然戦果がなかったということはできないというふうに思っておるのであります。

第二回目の金剛隊作戦の場合の一例を申し上げます。これは従来、いろんな文献を私調べてみたんでありますが、金剛隊作戦については全然戦果は不明だったんです。

ところが最近、リード・カーターというアメリカ海軍少将が書きました、『海上補給戦』（『豆と弾丸と重油』 *Beans Bullets And Black Oil*, W. R. Carter, 1953）という題の本でありますが、それを読みましたら、マザマの被害というのが出ておりました。

要するにこういうふうに被害があっても、まだ文献に出ていない、発表されていないのがちょいちょいあることが、ここでも分かる一例じゃないかというふうに考えております。

マザマというのは弾薬運搬船でありますが、相当な被害を受けて、沈没寸前までいったんでありますけども、沈没してないもんですから、向こうの戦没表その他には載っておりません。こういう戦果もあったという一つの例をここに出したわけであります。

このように回天は神風と違いまして、水中からの攻撃であることと、輸送船なんかをやりますと、戦績が陸軍の場合、あるいは海軍の場合、あるいは民間の場合いろいろありますので、沈められてもですね、発表しなくても済む場合がありますので、私は何隻かの商船を撃沈しておるんではないかというふうに私は感じておりますけども、今のところはっきりした資料はありませんので、断言をすることはできません。

終戦直後、これは私、横山《よこやま》（一郎《いちろう》・兵47）少将から聞いたんです。

横山（一郎・兵47）少将が海軍の軍使としてマニラに行かれて、帰ってこられたすぐ直後に、こういうことを（聞きました）。

日本の軍使がマニラのマッカーサー司令部に行きましたときに、サザーランド参謀長が最初に尋ねましたことは、回天を搭載した潜水艦が何隻洋上に残っているか。

そのとき横山（一郎・兵47）さんは、あと一〇隻ばかりおるなと、分からんけども見当で言われたそうでありますが、そうしましたら、そいつは大変だと、一刻も早く戦闘行動を停止するよう、厳重な指令を出してもらわねば困ると言った、ということでございます。

また、オルデンドルフ（Jesse B. Oldendorf）海軍中将は、もし戦争が更に続いていたならば、このとてつもない悲劇は重大な結果をもたらしていたであろうというふうに述懐しておるのです。

このように神風や回天はですね、連合国軍に非常な脅威を与えたということは、これはもう間違いないことじゃないかというふうに考えるのであります。

比島から硫黄島、沖縄へと日本本土へ近付けば近付くほど、日本軍の抵抗は熾烈を極めていきます。

連合軍の最終目標は東京であります。

だが、本土への上陸には想像を絶するほどの犠牲を強いられるであろうし、特に特攻という血の川を渡らねばならんと考え、大統領も上級指揮官も兵士たちも、身の毛のよだつ思いをしたことは間違いないと思います。

この特攻の恐ろしさやソ連軍の恐るべき野望などを考えたトルーマンは、早急に戦争終結を考えたのであります。

そしてそれは結局、ポツダム宣言となって、七月二十六日に通告してきたのであります。

もうこれから後のことは皆さんご承知でありますけれども、一応、読まして頂きます。

◉特攻があればこそポツダム宣言に至る道が作られた

鳥巣　そこで約五カ月前のヤルタ会談に触れておく必要があると思います。

二月四日から十七日まで、クリミア半島の南端のヤルタで、ルーズベルト、チャーチル、スターリンの三巨頭会談が開かれましたが、主題は対独戦後処理とソ連の対日参戦秘密協定であります。もちろん日本政府はこれを知る由もありませんでした。

やがて四月五日、小磯《こいそ》（国昭《くにあき》）内閣総辞職の当日、日ソ中立条約の期限を延期しないことを通告されています。

このことは本条約が二十一年四月に期限が切れること、すなわちそれまでは生きていることを意味しており、したがって日本政府が連合国との和平の仲介をソ連に依頼しようとしたのは自然のことでありました。

だが、対日参戦の密約を交わしているスターリンは、もちろん歯牙にもかけなかった。

さて、四月二十二日にルーズベルトが死去いたしまして、副大統領トルーマンが後を継ぎ、四月三十日にはヒトラーが自決して、五月七日ドイツは無条件降伏いたしました。

こうして七月十七日からドイツのポツダムでトルーマン、チャーチル、スターリンの三巨頭会談となりました。

この開催の前日に、ネバダ州のアラモゴルドで史上初の原爆実験が行われまして、またその実験の同じ日に原爆二個が、プルトニウム爆弾とウラニウム爆弾が、サンフランシスコのハンターズ・ポイントで重巡インディアナポリスに搭載され、即日出撃、テニアンに向かっております。

あの最初の実験が行われた同じ日に、原爆二個がサンフランシスコを出港しておるわけです。

トルーマン大統領はポツダム会談前までは、ルーズベルトと同様にソ連の対日参戦を熱望しておりました。

というのは、戦争を一日でも早く終わらせること、犠牲を最小限度にとどめたいとの願望からでありまして、アメリカだけではどうしても手に負えない。

ところが会談の進展に伴い、トルーマンの心境は変わってきたのです。

それはスターリンの傲慢な態度と、飽くなき野望に対する怒りと不安からでありますとともに、ちょうどその頃原爆の完成に成功したという切り札を手に入れたという自信からであったと思うのです。

要するにトルーマンはソ連の対日参戦を防止して、日本の管理にソ連を参加させないと決心したわけであります。

そのためドイツに対して出した無条件降伏とは異なった有条件降伏、すなわち暗に天皇制の存続を認めるという案を作成するとともに、いざという場合、原爆を使用することにしたわけであります。

こうして七月二十五日、かねてグローブス陸軍少将が作成した原爆使用命令に承認を与えて、二十六日にポツダム宣言を発令しております。

この宣言に対して日本では議論が沸騰して、ご承知のように一歩間違えば流血の惨事を招く危険さえあったわけであります。

したがって鈴木（貫太郎《かんたろう》・兵14）首相の言動は慎重の上に慎重に、ポツダム宣言に対しては完全にノーコメントの態度を取ったわけです。

ところが、ここで朝日新聞が、（このことを）「黙殺」と新聞発表しております。この「首相は黙殺」ということが非常に大きな問題になって、最近、『宰相鈴木貫太郎』（小堀桂一郎、一九八二年、文藝春秋）という本が出ておりますが、非常にこれは問題になったわけでありますけども、しかし鈴木（貫太郎・兵14）さんが黙殺をしたから原爆が投下されたのではないのであって、もうすでにその前に原爆を投下することはトルーマンが決定しとったわけでございます。

それからの一週間、徹底抗戦を主張してやまぬ軍部と、密かに終戦に持ち込みたいとする政府との間に暗々裏の駆け引きがあって、その間、ソ連は英米からの正式な対日参戦（依頼）を要請しながら、大軍を極東へ移動しつつあったんであります。

スターリンはとにかく英米から是非参戦してくれと頼まれることによって、戦後の発言権を非常に強力にしようとして、随分、非常にそれを要求したようであります。

そしてついに八月六日に広島への原爆投下、八日ソ連の対日宣戦布告、満州への侵攻、八月九日、長崎への原爆投下ということになって、そのとき米国はですね、これ以上は一刻も戦争を早くやめなきゃいかんということで、ご承知のように急速に終戦になったわけであります。

まあご承知のように、もし南北から英米軍とソ連軍が上陸と爆撃、そして生物化学兵器まで使用していたならば、日本全土は焦土と化し、数百万人、いや、数千万人の人々が住むに家なく、食うに食なく、餓死者は山野にあふれていたであろう。

そして四分割占領となり、理不尽なソ連は、北海道を自分の領土としていたかもしれない。更に国体護持も危殆に瀕していたと思われる。

考えてみると身の毛もよだつものであるが、この不幸を未然に防ぎ、国体護持を可能にした、ポツダム宣言を発想させた大きな要因に連合国軍を震撼させた特攻があったということを見逃すことはできない。

私は、要するに特攻があれだけやったからですね、無条件降伏じゃなくて有条件降伏の進言をするというようなことになったのが特攻であった。

したがって特攻はですね、彼らが言うように無駄であったというふうに絶対に考えるべきではない、というふうに考えているところであります。

●特攻の本質は「大和魂」抜きには考えられない

鳥巣　そこでいよいよ最後の段階に入るのですが、それでは一体、特攻の本質とは何か。

そういうふうに、若い人たちが日本を救ってくれたんだというふうに私は思っているのでありますが、その特攻の本質は、まず、「止むに已まれぬ大和魂」。

回天の創始者、黒木博司（機51）は長詩の中の一説に次のように詠っております。

「人などだれかかりそめに命捨てんと望まんや。小塚原に散る露は止むに已まれぬ大和魂」これはご承知のように、吉田松陰《よしだしょういん》が赤穂浪士に手向けました、「かくすればかくなるものと知りながらやむにやまれぬ大和魂」から引用したことはもう言うまでもないと思うのであります。

そこで、吉田松陰は大和魂という言葉を非常によく使っております。今の詩は、彼が松下村塾から牢屋に入れられるときにですね、「歳月は齢と共に廃《すた》るれど崩れぬものは大和魂」という言葉を使っているのです。

そして、いよいよ彼は断罪に処せられる直前に『留魂録《りゅうこんろく》』を残しておりますが、その最初に、「身はたとひ武蔵の野辺に朽ちるとも留め置かまし大和魂」という一首を残して、彼は処刑されるわけでありますが、それと同じことを黒木（博司・機51）少佐はいよいよ回天で徳山の湾内に沈没したときに、「男子やも我が夢ならず朽ちぬとも留め置かまし大和魂」ということを最後に書いて、彼は殉職しております。

この大和魂という言葉はですね、百科事典なんかを読んでみますと、明治、大正に出て、陸軍なんかが盛んに鼓吹したもんだというふうな解説が非常に多いんでありますけれども、決してそんなもんじゃないということを、一昨年（昭和五十六年）、文化功労賞をもらった有名な山本健吉《やまもとけんきち》氏が、『いのちとかたち』（一九八一年、新潮社）という非常に立派な本の中に大和魂のことを徹底的に追究しておるのでございます。私はそれを熟読させてもらいましたが、非常に大和魂とはなるほどこんなことかということを感じたのであります。

山本健吉氏は『いのちとかたち』の前段は、大和魂を古典の中で深く追究しており、興味深々たるものがあるが、大和魂なる言葉が古典の中で初めて出るのは『源氏物語』の中の「少女《おとめ》」の巻であることを示しております。そして、「なお才をもととしてこそ大和魂の世に用ゐらるる方も強う侍らめ」というのが、日本で初めて大和魂という言葉が使われたというふうに言っております。この山本（健吉）さんはあらゆる古典を研究したうえで、こう言っているわけであります。

そして、大和魂って一体何だっていうことをですね、こういうふうに言っております。光源氏を光源氏たらしめている資格は、かつて日本人たちが天子たるべき人に備わっていなければならんとみた一つの資格を、彼の中に認めたからだ。それはこの大和の国を治めるべき人の資格であり威力だと、それが大和魂の本義だというふうに大和魂を定義づけております。

「中外抄《ちゅうがいしょう》」に、「摂政関白必ずしも漢才候はらずとも大和魂だに賢くおはしまさば天下はまつりもたせたまひなん」ということが書いてありますけれども、要するに大和魂というものの本義というものを、我々はもう一回見直す。そしてこの大和魂が黒木（博司・機51）少佐、吉田松陰なんかのあの精神が大和魂の本当なんじゃないかという考えでございます。

◉「愛の極致」としての自己犠牲

鳥巣　次は「士魂《しこん》」であります。

士魂というのは結局、武士道精神でもあり、またこれ大和魂でもありますが、司馬遼太郎《しばりようたろう》の『花神《かしん》』（一九七二年、新潮社）という本がありますが、この士魂という言葉が使われておりまして、非常に興味あることを言っております。

これは村田蔵六《むらたぞうろく》と福沢諭吉《ふくざわゆきち》がやり合ったときに、この士魂のことが面白く書かれております。

さて、私は幕末の非常時に長州武士や薩摩隼人《はやと》が見せたこの士魂が、維新の大業成就の原動力になったと信ずるのでありますが、武士道、大和魂、士魂は戦争末期の回天魂と特攻魂と同根であると考えるのであります。

しからば、この士魂とか大和魂とは一体何だ、私はその根底における愛があるんだというふうに思うのであります。

回天で死んでいきました上別府《かみべっぷ》（宜紀《よしのり》・兵70）大尉の妹さんが、こういうふうに書いています。

「本当に兄のすべては、愛情そのもののような気がします。肉親を思う愛、国を思う愛、職務に捧げる愛、この愛の心のすべてで二十四歳の若さを惜しげもなく自己の任務に捧げ尽くしたのだと思うのでございます」

また、阪大を出ました予備学生の久家《くげ》稔《みのる》少尉は、

「俺たちは俺たちの親を、兄弟を、すべてを愛す、友人を愛す、同胞を愛するがゆえに彼らを安泰にするために自己を犠牲にせねばならん。祖国敗れれば親も同胞も安らかに生きていくことができんのだ。我らの屍によって祖国が勝てるならば満足ではないか」

というふうに日記に書いておるのであります。

しからば愛とは何か。

私はそれを今世紀の最大の学者であり歴史家である、アーノルド・トインビー（Arnold J. Toynbee）の言葉を引用してみたいと思います。

アーノルド・トインビー教授は次のように言っております。

「人間の生きる目的は愛すること、英知を働かせること、そして創造することである。人間はこの三つの目的を追究するために、全能力と全精神を捧げるべきだと思います。

そして必要とあらば、これらの目的を達成するためには、自らを犠牲にしなければならないと考えます。犠牲なしにこれらの目的が達成されるに越したことはありませんが、価値あるものには自己犠牲を求めるかもしれませんし、また価値あると考えた場合は犠牲をも厭《いと》わない心が望ましいのであります。

愛はすべて欲望ですが、欲望には二つの種類があります。私がいう愛は自己を没却して、他の生命へ、他の人々へ、宇宙へ、そして宇宙の背後にあるものに向かうものです。

私は、人間は何のために生きるべきかについて話すときには、こういった愛について話しているのであります」

というふうに言っております。

そして真の愛とは人々のために、そして自分をも超えた目的のために自己を犠牲にすることによって、自己中心性に打ち勝つ行動の中の染み込まれる感情だと私は思うのです。

だいたいこれと同じようなことを、日本の大数学者である岡潔《おかきよし》博士も言っておるのでありますが、究極するところですね、これは儒教では愛のことを「仁」と言っております。

それから仏教では「慈悲」と言ってます。

それからキリスト教ではもちろん「愛」、そして「新約聖書」「ヨハネ伝」の中にですね、「人がその友のために自分の命を捨てること、それよりも大きな愛はない」というように言っておるのでありまして、そのように見てまいりますと、愛の極致は自己犠牲ではないかと思うのであります。

要するに神風や回天や震洋などの体当たり特攻は自己犠牲の最たるものであって、まさに至純至高の愛である。また、大和魂の本義であるといえるのではないかという考えでございまして。

要するに特攻の本質というものは、本望は要するに愛であると。

要するに愛であり、大和魂であり、武士道であるということが私の結論でございます。終わります。

◉特攻をどのような記録として後世に残すか

【質疑応答】

三代　これはあれですか、後であんたが本にでも書かれるわけですか。

鳥巣　いや、これは、この会の。

三代　とにかくこういうふうにね、あんたの説明されるのにおいて、これ何を書いてるんだと思って飛ばしながら読みましたらね、ついていけなかったですよ。

もっとこれにはこういうには要領良くですね、要点をつまんでやられるべきじゃないかと。そうじゃないとみんなこういうふうな、一冊の本みたいなやつを書かれるとね、我々の海軍のあれ（反省会の記録）は膨大なものになっちまってね、大変だと思うんですがね、僕はそういうふうな感じを持ちましたね。

勝手なことを言って失礼ですけれども。

鳥巣　これね、全部読みますとね、おそらく三時間ぐらいかかりますのでね、要点だけを（述べました）。

実はですね、これは何も皆さんに説明をするのが目的じゃなくて、これを将来読む人にですな、特攻とはそんなことだということを納得させるためにはですね、相当詳しく書かなきゃいかんということでですね、書いたわけなんです。

三代　それでね、僕は思うのは、あんたが実際のいろいろな日本の資料とかアメリカの資料もありますけど、それらを元にして数字的にいろいろ撃沈したとか、人のどういうふうな程度の損害を与えたとか言ってですね、向こうに恐怖心を与えたということは、それあたりを中心にして書かれている。

そしてこの間にその初めのほうに何人かの人がですね、いい加減なことを書いておるというやつを添付されてますけどもね、それあたりはむしろその、あなたがこういうふうに数字的に実際出されたやつについて、これに関して例えば○○氏はこういうようなことを言っているけども、そんなバカなことはないんだというようなふうにですね、簡単にやっつけりゃあいいんじゃないかという気を持ったんですがね。

泉　ちょっといいですか、私。

土肥　はい、どうぞ。

泉　私は非常にこれに関係したもんですからね。私が今まで知らなかったこともいろんなことを調べられ、それから戦後ね、今まで発表されなかったやつはね、だんだんその調べれば分かってきたんですよね。それが分かったのをですね、更に砕いて、鳥巣（建之助・兵58）さんが書いて頂いてね、これは貴重な資料なんですよ。

それでね、こないだも、私は豪州行って感じたんですがね、今まで知らなかったことを向こう行ってね、実際、若い（人が）特殊潜航艇で働いたのを実際見ましてね、本当に涙がこぼれました。

しかし、それでもなお豪州はね、相当発表していないことがあると言うんですよ、実際ね。実際あるわけですよ。

いわんやアメリカはね、特殊潜航艇のね。私はハワイの攻撃ね、あれあたりもね、非常にあれは我々の知らないことが相当たくさんあるんじゃないかと思うんですよね。

そういうことがだんだん分かってきますとね、ここでも鳥巣（建之助・兵58）さん書いておられるように、戦後すぐいろんなこと書かれましたよ。それはもういい加減なことが書いてあるんだ。私ども実際やったやつからみると、実際しゃくにさわることも書いてあったんですがね、それがだんだん分かってきましてね。

しかしね、日本海軍が日露戦争で勝ったがゆえにね、具合の悪かったことは我々は残念ながらあんまり聞いてなかったですね。

それと同じようにね、分からないことはね、すごくあるんじゃないかと思うんですよね。

そういうところをね、これからよく研究して突き詰めていって、私は鳥巣（建之助・兵58）さんのようにこういうふうにどんどん続けて、更に論議しておく必要があるんじゃないかと、そういうふうに私は思います。終わりです。

三代　それからですね、僕はそのこういうふうにいろいろな資料を調べられてですね、確実な数字を書かれることは非常に貴重なことだと思います。それですから、それを中心にしてですね、論ぜられるべきじゃないかと思います。

そして、いい加減なことを書いた連中あたりのやつは軽く、この人はこういうことを言ってるけども、これは今のやつに比べるとですね、まるで問題にならんと、いい加減な論だというようにして、反発されたらどうかと、こういうふうに思うんですがね。

そういうふうに一つ、せっかくあんたがこんなに資料を集めてやられたんですから、それを堂々と前に出されてね、それを数値にして論じてもらいたいと思うんですね。

◉今後、特攻を研究し明らかにするべきこと

小池　今日、鳥巣（建之助・兵58）さんの話聞きまして、最大の感銘を受けたのは、特攻が終戦を早めたと、こういう論旨に対して、まず私は多大なる敬意を表します。

それにつきまして、海軍の特攻隊員で（小池の）同期で死んでいったのがおるので、一言、二言、二つの点についてこの鳥巣（建之助・兵58）さんの資料に付け加えさせて頂けれ

ば大変光栄だと思う点があります。

その一つは、特攻は偉大なる兵器であってですね、これが長続きしたら大変なことになってたということは、三～四年前にペンタゴン（米国防総省）へ行きまして、私は海軍特攻隊員の要務士官であったということを申し上げましたら、急に上層部は口をつぐみ出して、一切の発言をしなくなりましたので、おかしいなと思ったらば、そこに少佐で退役した人を連れてきまして、こいつは空母バンカーヒルに乗っておって、水兵だったと。少佐で退役するまでずっと海軍で務め上げた人ですが、その人と話をしろと言うんですね、アワー中佐が。今度極東課長になったアワー中佐です。

それでいろいろ話聞いてみましたらば、コーラを飲みながら雑談しているうちにですね、もうあのときの兵隊の状態は正常な状態ではなくて、軍医官はもうこれは戦《いくさ》にならんということを言っておったと。

そして、ただ一つ働いているのは、古い下士官と船を操艦する艦長、副長ぐらいの幹部であって、ほとんどの初級士官から兵隊はもう戦争を続行し得る能力はなかったということをその人間がはっきり言っておりました。

このことをですね、一つ付け加えれば、また一つの資料に生きてくると思います。

それからもう一つ、愛がすべてであるという考え方ですが、私ども海軍予備学生一四期というのはこの手でですね。

小池、後の日本を頼むぞ、と言っていった。

このことを考えると、どうしても鳥巣（建之助・兵58）さんの言っていることは、もう少し書いてもらいたい。少ないぐらいだと、こう思っております。

それは、私ども大学で勉強してきて、お国のために我々が必要なんだと、俺たちがやらなくて誰がやるんだということで。

今まで最大の感激を受けたので一言申し上げたいと思います。終わります。

三代　わしがちょっと申し上げたいのは、わしは航空関係の特攻を書くとの指定がありますからね、そのつもりで一つあなた、特攻に重点をおいて書いて頂きたいと思うんですがね。

ただ、やっぱりあんたが書かれましたようにね、特攻というものはどうして起こったんだということでですね、これ飛行機もない、潜水艦もないからというふうにやられるのは当然だと思うんですけれども、そのうちにおいてもですね、潜水艦とかの特攻を比較的主になるようにお願いしたいと思います。それじゃないとわしが書くのがちょっと。

鳥巣　いや、実はね、もう神風のこととか、あるいは回天のことはですね、もう文献にたくさん出ておりましてね、それを今さら書いてもね、これは意味がないと思うんですよ、ほとんど。

だからね、もう私はそういうのを書くよりも、非常に戦後あらゆる批判が出ておって、今でも悪口書かれる。

それをね、いかに我々は反駁するか、それに対して、いや、そうじゃないんだ、こうなんだということを説得し得る一つの資料を作ったほうが意味があるんじゃないかということで、まあこういうふうな書き方をしたわけでありまして、その点はそういうことです。

三代　いや、ですからね、あんたが非常に詳しくやられましてね、確実な資料を挙げられたということは非常にいいんだと思うんです。

ただ、それに対してですね、こういう人間がこういうことを言ったというのは、これから見るとやっとらんと、嘘だというようなふうな書き方を簡単にされたほうがいいんじゃないかと思うんですね。

曽我　私は鳥巣（建之助・兵58）さんのあれを頂いて、会社で読みまして、そしてだいたい分かりました。

そして今まで知らなかったことをずいぶん教えて頂いて感謝する次第です。

それはそれとして、別の考えを追ってみて、人類始まってから戦争はずいぶんやっていますが、特攻に似たもの、あるいは奇襲ですね、これはもう数千年前からあらゆる戦争でやってるけれども。

（テープ切り替え）

回天などは大和、武蔵を含む力を力学的に言うと、回天の製造能力は、非常に成果から言えば戦局を支配するのにいいけれども、回天を作り始めたときには、もうすでに大和、武蔵を造るだけの能力はないんで、回天の絶対量は力学的にものを見とったけど、あれ（絶対量）がないんです。

そういうところから言って、海軍は果たしてどれだけの効果を期待していたか、実績という。

それからそういう点から見て、特攻兵器で戦局を挽回するようなことは、それはやはり今後の反省として絶対に慎まにゃいかんことではないか。

これが反省の大きなあれ（要素）になりゃあせんかと思って、こないだの金曜日、一週間ばかり前ですが、横浜で一二〇～一三〇人のメンバーですけどね、ロータリークラブに久原《くはら》（一利《かずとし》・兵60）さんにお願いして、泉《いずみ》（雅爾《まさちか》・兵53）さんが久原（一利・兵60）さんが適任だろうという推薦をされたので、こういう題目でお話を願ったんですが、「核時代における日本の防衛」という題目でお願いしたところが、非常に感銘して聞いておりましたが、世の中は相当変わっておる。

そうして、我々のこの目的がやはり反省というのが、大東亜戦争の時点における反省と同時に、将来に対する反省でなければならない。

そういう点も加味して考えなきゃならん点があるんじゃないかと、そういうようなことを感じました。

◉特攻作戦を賛美することは決してあってはならない

鳥巣　ちょっとその件、追加させて頂きます。実はですね、随分飛ばしましたので、その肝心なところを言うのを忘れたわけですけれども。

土肥　あのね、時間はあんまり気にしないでいいです。

鳥巣　よろしいですか。

いや、実はね、私は特攻に対してはもう徹底的に反対なんです。

また事実ですね、回天の特攻とか神風で戦争に勝てるなんて考えること自体はもう確かにおかしいのであります。

神風、回天がですな、ここにも書きましたけども、ウルシーに五基が突入しているわけで、それで成功しとるわけです。

だからね、これ簡単なものであれば大戦果挙げとるわけです。ところがたった、ミシシネワ一隻しか撃沈してないわけです。ということはですね、それほど簡単なことではないんだ。

だからね、特攻なんかに頼ること自体はね、これはおかしいんだ、ということであってですね。

だから私は最後にですね、今日はこれやめましたけども、確かに特攻に殉じた若者たちの行為はいかなる賛美も惜しむものではない。

だからといってですね、特攻作戦を賛美することはできない。そこには深刻な反省と懺悔《ざんげ》がなければならない。

悲愴極まる特攻作戦を採用しなければならなくした戦争指導者、為政者や軍首脳などは、開戦に踏み込んだこと、終戦のときを誤ったことを反省するだけでなく、明治末期から大正、昭和に進むにしたがい思い上がり、驕りが昂じ、大陸で、太平洋で身のほどを知らぬ暴走をやり、ついに日本を破滅に追い込んだ。

その根底に、かつて日本の政治家や軍人の中にあった大和魂や愛国の至情が次第に希薄になり、いわゆる才が幅を利かすようになったのではないかと感じられて仕方がない。

したがってですね、特攻なんかやるべきじゃないんであってですね、これは戦争を防ぐべきであって、もう特攻をするような段階ではですね、戦争をやめなきゃいかんのだというのが私の総論なんですよね。

三代　いや、僕ね、お話伺いましたけどね、横須賀航空隊に終戦一年前におりましてね、その間にその特攻のやつをですね、飛行機のやつですけど、飛行機の特攻には、爆弾をどういうふうに積むかと、縦にするか横にするかとかですね、いろいろまあ、あったわけです。

そういうふうなやつを横空《よこくう》（横須賀海軍航空隊）あたりがですね、分担して（研究を）やったわけなんですけれども、そういうことをやれという命令が中央から来たのに対してですね、わしは特攻をやることになったことにですね、ちょっと嘆いたわけなんですが。

そしたらその言葉がですね、中央に伝えられましてね、そして呼び付けられたんです、航空本部に。

そして、君は特攻の悪口を言ったそうだけれども、けしからんじゃないかと、こう言われたんですが、いや、わしは悪口じゃないんですと。

わしは、その特攻をやらねばならんというような状況になったことが非常に残念でしょうがないので、慨嘆《がいたん》したわけなんです。

そもそも私は開戦前にですね、日本の国力と、それから支那事変以降の消耗戦の結果としてですね、アメリカとやったらですね、アメリカは必ず日本が負けるまでですね、その戦争期間なんかの長引くあたりは考えないでやってくるから、必ず負けるんだということをまあ考えておったんですけれども。

それに対してですね、日本が結局、特攻でやらなきゃならんということになったということが、まことに残念だということを申し上げただけなんですと、こう言ったわけですけれども。

それで結局、私は人事局に、わしのクラス（小手川邦彦《こてがわくにひこ》・兵51）がいましてね、そういうところに行きましてね、俺を特攻隊の司令にしてくれと。

俺は戦争に絶対反対、やったら負けるからということであったんだけれども、こうなったらば、しょうがない、俺としてはそういうのに対して絶対反対であったけれども、この私の反対が用いられないでこういう状況になってしまっている。今はどうもならんということはですね、残念でしょうがないんですが、もう特攻隊の司令になってですね、命を捧げるつもりだから、是非やってくれと三十分ばかり話しまして。

そしたら、そうか、貴様それまで言うならばやむを得ないから、特攻隊の司令にしてやろうと、こういうことを言われましてね、是非願いますと、郷里へちょっと帰って後始末をしてくるからということで、二〜三日帰りましてね。

そして帰ってきたところが、どこへ転勤になったと言ったら、いや、貴様まだ戦争は先があるからと、そういうことでですね、軍令部へ行かされたよと。

早く着任しろと言われて着任してみたところが、それは作戦部長の富岡《とみおか》（定俊《さだとし》・兵45）さんが、特攻どころじゃないと、日本を滅ぼすのはB29だから、そのB29を何とかしてやっつけるように専門にやれと言われましてね、そういうふうに任務を受けたんです。

それから一カ月と経たんうちに、もう終戦になっちゃったわけですね。まことに残念でした。だからまあ、そういうふうないろんな問題が含まれておりますから。

◉特攻は本当に終戦に寄与したのか

土肥　大井《おおい》（篤《あつし》・兵51）さん、お願いします。

大井　その、小池《こいけ》（猪一《いいち》・飛行予備学生14）さんの非常に関心したところを私ね、実はね、これと同じことをね、秦郁彦《はたいくひこ》（現代史家）が、要するに特攻のためにね、日本の国体護持ができたようなことを言うんですよ。

私ただ、これ私の終戦のところに関係あるんですけども、私の読んだアメリカの文献の中ではですね、特攻のために終戦が早まったというふうに思われる記事は一つもないんです。

これは結局、あなた、トルーマンの回想録か何かに書いてあるんですか、その辺のこと。

それでこれ、私ね、それがあればこれ非常にね、私の特攻観も変わるけれども、終戦のことも変わる。

ここのところを一つね、教えてもらえたら。

鳥巣　トルーマンの回想と、それからジェームズ・バーンズですか、『ローズベルトと第二次大戦』（一九七二年、時事通信社）。

大井　ああ、本当の本は『ルーズベルトは、自由の戦士である』（*Roosevelt: the soldier of freedom, 1940-1945*, James M. Burns, 1970〈『ローズベルトと第二次大戦―１９４０～１９４５　自由への戦い―』一九七二年、時事通信社〉）。

鳥巣　それとかですな、それから『天皇の昭和史』（一九六八年、読売新聞社）ですか。

いろんなのを読んでみますとですな、もちろんですね、特攻だけがですね（終戦の切っ掛けではない）。

大井　いや、特攻だけよりもね、特攻がファクターになったっていうことをね、特攻だけということではなくて、圧倒的に大きいのはまだ分からなかったんですよね。

彼（トルーマン）がポツダム宣言やったときに、それで日本が受諾すると思っていないわけですよ。

それですから、彼らはオペレーション・オリンピック、十一月に九州に上陸する。翌年に関東平野に上陸するというようなね、かなり長い計画を持っておったわけです。

鳥巣　あるかもしれないですね。

大井　あんたはこれで、いかにも敗戦を急に早くやるようなことを、まあ早くやりたいのはこれはもちろんだろうと思うんです。

それですから、それはまあ問題ないんですけれども、その早くやるファクターとしてですね、重要なファクターとして特攻の効果がどれほどあったかという、要するにこれは戦争指導の問題でしてね、軍人の問題じゃあなくて、戦地の問題ではなく、これはまあ関与はするでしょうが、結局はトルーマンの戦争指導の問題ですね。

鳥巣　これはね、トルーマンだけじゃなくて、ルーズベルトの場合もですね、ルーズベルトが死ぬ前に、すでにもう特攻始まっとるわけですよ。

そして、ヤルタ会談のときもですね、あれは二十年の二月ですね、もう神風がどんどんやってるわけです。

これはこのままいったらですね、大変な犠牲を払わざるを得ない。だからこれ一日でも早く終わらせなきゃいかん。ところがそのアメリカだけではどうにも手におえないと。そこでソ連もですね、とにかく北から日本をやらせて、そうすれば早く戦争終わるじゃないかということで、ルーズベルトがヤルタ会談でスターリンに参戦を密約してるわけですな。

そういうことによってですね、とにかく早く終わらせなきゃ、とにかくこのままいったらもう日本本土に上陸するまでにですね、アメリカの軍隊が一〇〇万人ぐらい犠牲を払わなきゃいかん。

『神風』（一九八二年、時事通信社）にもそういうのちょっと書いてあります。

したがってですね、これはもうそういう犠牲を払っていたら大変なことになると。

しかも先ほど小池（猪一・飛行予備学生14）さんが言ったようにですな、もう（アメリカの）兵隊さんは戦々恐々としているわけですよ。だからこのまま行ったらもうあらゆる犠牲を払う。

しかも幸いにトルーマンはですね、ソ連がもし来たら、ポツダム宣言で盛んにやり合ったわけですな、スターリンとトルーマンがですな。

大井 ポツダム宣言はしかし、トルーマンとは関係ないですね。

鳥巣 いや、ポツダムにいた。

大井 いや、ポツダム宣言はトルーマン入ってなくてね、ポツダム宣言の文句なんかはトルーマンには何も相談していないわけです。

ただ、トルーマンとやってるのは、日本に対するポツダム宣言ですよ、私が言うのは。トルーマンが参加してるのはヨーロッパにおけるポツダム宣言というか、ヨーロッパの問題をやりに来てるわけです。

しかしね、軍事関係ではね、安保だとか何とか言ってね、マーシャル（プラン）だとか言ってね、日本に軍隊を向けることは、それは軍事段階ではやってます。

やってますが、トルーマンとあれ（スターリン）とは、私の読んだものですよ、私の読んだものではトルーマンとスターリンと話しているのは、原爆の問題はちょっと話している。

鳥巣 原爆はね、スターリンにはほとんど話してない。

大井　それでね、どうもね、これくらいファクターが大きくすると、私はね、これは非常にやっぱり研究する値打ちのある問題だと思うんです。私がいいとか悪いとか言ってるんじゃないんですよ。これが本当にそれくらい効果があるもんだとすると。

それでね、戦争を早めるということは、それは問題ない。それは何があってもファクターにはなる。

ただ、国体護持をね、この前、秦郁彦が言ってたね、国体護持にまで関係あるようになっているようなね、私の関係ではそんなものない。

国体護持の問題はもうその前に、日本人の性格というものを、日本的にとらえてですか、それとグルー（Joseph C. Grew）国務次官と。

それから今度はソ連というのはね、けしからんやつで、これは天皇制をやっつけようとした。

鳥巣　私はね、『天皇の昭和史』（一九六八年）も読みました。二十何冊になっている、読売です。

大井　あれ、誰が書いたの。

鳥巣　あれは読売がプロジェクトチームで書いた本です。

大井　持ってるんですけどもね。

鳥巣　あれの三巻か四巻のところにですな、ポツダム宣言のことが非常に詳しく書いてありますね。

大井　ナチスの大本営のことを書いてるやつかな。

鳥巣　あれの中にですね、ポツダム宣言のこと、それから特攻のこと、それから起草したポツダム宣言のあの経緯とかね。

そういうのをずっと読んでいきますと、私は、もし特攻がなくてですな、簡単に日本ができますね、あまり（米軍が）被害を受けなくて戦争をでき、占領できるならば、私はね、あんな有条件降伏でなくて無条件降伏（要求を）出したと思うんですよ。

ところがああいう状況だとですな、もし無条件降伏（を要求）したらですね、日本はとことんまでね、もう一億人ぐらいまで全部死ぬまでやるかもしれない。

これはもうどうしても国体護持だけはあれしては（拒否しては）いかんというような雰囲気が見えますよ。

大井　いや、読みましたがね、私そうでない。

私ね、私終戦時はマッカーサー司令部でやったもんですから、かなり終戦のことは読んだつもりなんです。それから本がたくさん出ましたからね。あの頃は隠されたものがまだたくさんありましたけど、それからその後もずっと私読んでいますがね、どうもその読売のやつ、その記事見ませんがね。

無条件降伏はね、ルーズベルトがやってたカサブランカで一度言っちゃったんですね、ルーズベルトが。それに対してチャーチルが反対をしてる。それからあのときも無条件降伏であるか、ポツダム宣言が無条件降伏を言っているのか、あるいはこれは無条件降伏でないか、いわゆる軍人の武装の解除とか、戦犯のあり方とかいう、行為だけの条件をつけたかとかね、そういうことでね、日本国内にも矛盾があります。

東郷《とうごう》（茂徳《しげのり》・外務大臣）さんは、これはポツダム宣言というああいう条件を並べたからには、無条件降伏じゃない証拠だ、軍人だけが負けたという。

阿南《あなみ》（惟幾《これちか》・陸軍大将）さんだとか軍人の軍隊のほうはね、いや、これは無条件降伏だと、こういうことで、これは議論が非常にある。

しかしあれ「government」、日本国民のガバメント、「government of Japan」ですかな、このガバメントというものが国体を言っているのか、あるいは政治の形態を言っているのか、国体そのものが分からない。国体とはなんぞやというので、翻訳するのにとても困ったんです。

天皇のプレロガティブ（prerogative　特権）、天皇の体系を言っているのか、あるいは政治の形態の中にね、天皇のプレロガティブをどうするかといったような問題が非常に議論されたんですね。

しかし、特攻のところがどうもあの頃はなかったたし、もう一つはね、海軍はね、上陸しないで、日本は参ると、封鎖で。

それから空軍はですね、空爆だけで充分やれると。

陸軍は上陸しなくちゃいかんと、とにかくみんな自分の兵力でやろうっていうんで、爆撃調査団というのが来たんですけど、実はですね、あの爆撃調査団はなんで来たかっていうと、この三つのやつ（主張）がどっちが正しいかというのを調べに来たんです。

そういうことであってね、どうもこれはなかなかこの検討はあんまりこういうふうに簡単に書かれると、特攻礼讃みたいにもなるようだし。

私は特攻礼讃でもいいんですよ。

鳥巣　いや、礼讃じゃないんですがね。

大井　礼讃に見られましょう。

結局ね、あんたいくら後で書いても、感覚的には礼讃に見られますので。ですからね、これはいいんですよ。本当に事実がそういうふうに共鳴するなら、私は堂々と書くべきだと思います。

そんな、将来に悪いとかいいとかいうより、私はもともとその黒島（亀人・兵44）さんがやったときには大反対したんですから、あまり礼讃したくないんですけれども、歴史を証明するなら、あれだけの月謝を払ったんですからね。

しかしね、どうもそれほどの証拠がないんじゃないかと、私は見てるわけです。そこのところね、非常に大きいから。

鳥巣　あのね、『昭和史の天皇』（一九六八年、読売新聞社）の中にですね、ポツダム宣言の問題、ドーマン（特別補佐官）という人がね、（ポツダム宣言を）起草してるわけだ。

そういうのをよく読んでいきますとですね、これ日本の完全な無条件降伏にして出したら、これおそらくね、日本は最後の最後までやるだろう。上陸して東京まで行かなければ、日本は手を上げないだろう。

そうなったらね、アメリカは大変な犠牲を払わないと、おそらく一〇〇万の兵隊が殺されるだろうと。

そういうことになったらですね、日本はもちろんだけども、もうアメリカも大変なことになる。そこで何とか早く戦争を終わらせたい。

そういう犠牲を払わなきゃならんということはですね、ドーマンさんが言ったように、東京に行くためには、血の海を渡らないかんのだと、特攻という血の海を渡らないかんと。だから早く戦争を止めると。

大井　いやいや、そこがあなたの、その血の海を渡らないかんというのは、あなたの見解なのですかね。

鳥巣　いや、それはね、何かに書いてあった。

大井　ドーマン（特別補佐官）がね、ドーマンとグルー（国務次官）はね、日本のこと非常によく知ってるんだ。

天皇制はね、天皇のことはね、認めろって、初めから天皇制、要するに皇室は認めるような文章にすべきだという、あれは承認出したんです、あの中に。

ところが共産系がたくさんいるんです。ホワイトなんかもそうでしょうが、もうとにかく否定したいわけ、天皇を。

天皇なんていうのはみんなあれ（否定）して、アメリカ的な民主主義みたいにしようというあれ（考え）があったんです。

その議論はあるんですよ。その議論はあるんだけど、そこに特攻がどういうふうに介入するかが問題なんだ。

寺崎　この問題は延々として尽きないと思うんですけど、要するに文献の根拠とかね、そういうようなものをもっとはっきりしないといかん。

それとね、特攻がですね、ポツダム宣言か、あるいは戦争（終結）を早めたと、それ一点に絞るとね、それはいろんな問題があると思いますよ。

しかし、いろいろなそれが証拠物件であるなら、それも意見と（する）。

鳥巣　証拠物件というものを、誰かが特攻をどうしたこうしたということでなくてですね、特攻がそういう有形無形に作用したと。

寺崎　それはそうだと思いますよ。

大井　有形無形の作用したということがね、そこが問題としてるの、私は。

そこの問題以上にね、もっと決定的なファクターがあって、特攻とか何とかかっていう条件はいろいろファクターあるけども、もっとデシシューティブ（思いとどまらせる）なファクターっていうのがあって、そのデシシューティブ・ファクターによって決定されておる特攻というのなら、それは陰に隠れてるわけです。

その陰に隠れないで、デシシューティブなファクターの中に顔を出すのかという問題なんです。私の言うのは。

鳥巣　後でね、もう少し納得いくように資料を出して。

寺崎　それじゃあ、更にこの件に関して中島（親孝《ちかたか》・兵54）さんが研究されているようなんで、その要点だけを発表してもらって、あとは総括的に皆さんの意見を。

それで今日は時間のこともあるから、国策のほうはね、扇《おうぎ》（一登《かずと》・兵51）さんのはこの次にして頂いて、今日は特攻をね、まだこれからいろいろ各自の意見があるかもしれない。そういうことを承るということで、四時半ぐらいまで使えるそうですから、そういうふうなことにして、約一時間ありますから。

長束　ちょっと今の問題ですがね、精神面というショックの部分で、これは大井（篤・兵51）君の言う、その表に出たエフェクト（効果）というものと、やっぱりね、どっちかということになるというと、今、言われたのは、それが潜在意識でアメリカのほうの指導者に何らかの形で残っておれば、それが証拠のあるなしにかかわらずね、考え得る一つのファクターですよね。

大井　私の言うのはね、トルーマンが本当に一人ぐらいで決定してるんですよ。それですからね、爆撃なんかも使ったのもね、原爆なんか使ったのも。だからその原爆なんか使うときの気持ちだとかね、その中に特攻が入っていりゃあね、これは考え得る。

しかしね、五〇万（米兵が）死ぬんだというところよりは、そのときに何ていうか、長引かすとか長引かせないという問題なんですね。いわゆる状況を、国体護持っていう問題、そこのところ。

まあ一つはソ連のね、あれ（終戦）の前にそういう、ソ連が（日本侵攻を）やれば分裂国家になるわけですね、終戦にしなきゃ。

そこのところの問題にも関係あるから、国体護持だけじゃないんですけれどもね。

これも実に大きな問題です。

そこのところのまあ、やっぱりトルーマンとかその辺のことを考えながら書いたらどうかということですな。

寺崎　この問題は終戦工作というのがあるからな。

大井　私の問題なんです。

寺崎　それと密接な関係があるから。

大井　ええ、非常に密接な関係がある。

寺崎　あとでまた、そういうことを踏まえて一つ研究して頂ければ。それじゃあ、あの。

土肥　はい、それじゃあ中島（親孝・兵54）さん。

◉「特攻が恐ろしかった」という米軍発言を本気にしてもよいのか

中島　私は特攻を別に詳しく研究したわけでもございません。

ただ、戦争中の連合艦隊司令部にいて、いろいろ感じたことと、あと公刊戦史をはじめ、いろんな表向きの戦史を読んだところで、どうして特攻というものがこういうことになってきているんだろう。結局、私には先ほどお話出ましたが、こういうことをやっても、戦勢を覆すことはできないと考えた。

それじゃあ、どうしてそうならざるを得なかったかというと、結局、私の考えたのは、三つの方向からきているんじゃないか。

特にこの中で申し上げたいのは、軍備担当者の責任感というところです。

これはですね、軍令部の二部長に来られた黒島（亀人・兵44）さんが、（昭和）十八年の八月から特攻を要求したようです。それで軍備をこういう方面に持っていかなきゃだめだっていうわけなんですね、黒島（亀人・兵44）さんの主張は。

ということはまあ、このときからすでに、十八年の八月ですからね、大きな目で見れば、戦争は希望を持てない状況だったと。

どんな軍備を整えても、どうにもならないと。

そこで考えた最後の手だと思いますのが、こういうときから軍備というものを、こういう特攻を前提としたほうに持っていったということは、問題ではないかと思う。

それで最後の窮余《きゅうよ》の策、飛行機のほうのあれ（捷一号作戦での航空特攻）ですね、これはもう何ともしようがなくなってこうなってきたんだ。

だから十八年頃からすでにもう希望がないという意見はいろいろ出ておりますが、結局、これを採用されたのは十九年の春になってからだいぶ、別の人からも意見が出た。

それでもまだ大西（瀧治郎・兵40）さんは抑えておられたんですが、大西（瀧治郎・兵40）さんがいよいよ一航艦（第一航空艦隊）に出ていかれた十九年の秋ですね。これぐらいになると、もうどうにもならないと。

要するにここまでいったのは、飛行機の搭乗員の養成というものは後手後手に回って、しかも無理をして搭乗員を使ったから、どうにも実際いろんなことができる搭乗員が養成できなかった。養成するのを待つことができなくて、次々に死んでいったと。

最後に残ったのは何だと、飛行機で突っ込むしかないと。

これも必ずしもそう簡単なもんではないけれども、それよりないんだと、仕方なくここへいったと、こういう三つの行き方でこういうことになったんでないかと。

その価値とか、あるいは効果がどうだったということは、私も専門に研究しておりませんので、ここでは全然触れませんが、こういう経路で結局、特攻というのはだんだんあそこまで追い詰められたのではないか。

だから、反省会として考えるべきことは、特攻というものは決してはじめから、これがいかに大和魂のあれ（発露）であろうと、はじめから戦争の手段として考えるべきものじゃない、これは皆さんご異論ないであろうと思うんです。

仕方なしにここへきた。これはどういうふうに、どういう経路でいったかということを一応、私なりに分析してみたのがこれなんです。

それでこれは、皆さん方がご研究の材料として、一つ書いてみただけでございます。

別に結論づけたものでも何でもございませんけれども、そういうようなことで私の考えを書いてみただけでございます。

ただ、これを基礎にしていろいろご検討願えたらいいんではないかと考えた次第でございます。

土肥　小池（猪一・飛行予備学生14）さん、アメリカの艦隊の乗員が震え上がったというのはね、どういうことなんですかね。

小池　いや、もうこれは戦争できる状態じゃないということです。本人が僕に。

土肥　いや、だけどね、特攻だからって怖がったのかしら。

ということは、大砲で撃たれたんでも、魚雷撃たれたんでも、特攻でなくても同じじゃないんですか。

小池　そこのところは確としていません。

特攻機が来たとなると、もう機銃員から高射砲員まで全然役に立たんということは言ってました。

ですから私は空からの攻撃だったと考えております。

本人が、私自身ももうとにかく精神状態がおかしい、ということは、はっきり言っていました。

覚えているのはそれ一カ所。あとはみんな右往左往して、どうにもこうにもならなかったというのは、戸髙（一成）君が名前知っていますよ。それは今、退役しましてね、ペンタゴンでネイビーの写真（管理）のキャプテンです。

これと話しろっていうことで会わせて頂いて、今あの大井（篤・兵51）さんがご質問になったというか、非常に問題の焦点だと思うんですが、それはどうだったのかと言いますけど、かなりあの辺の上層部と下のほうと、我々に知らせないという何かね、作為的なものは私感じました。

これは感じだけですから。この人間の証言を聞けというように、アワー中佐が連れてくるところ見ても何か作意があると思うんですね。

しかし、本人は、誓って私は乗組員で、（特攻隊員は）お前かと、私は搭乗員じゃないんだと、大変むきになっておるんですね。これだけは事実です。

大砲で撃ってくるとかそういうことじゃなくて、飛行機が来るともう、全部が飛び込んで来るように見えちゃう、そういうことは言ってました。

やっぱり航空特攻であると考えていいと思います。

土肥　精神的な効果はあったと、そういうことですね。

小池　あったと、それだけは事実ですね。

鳥巣　それはね、『神風』（一九八二年、時事通信社）にも非常に強烈に書いてますね。要するに神風の出現によってですね、もう大変なきちがいみたいなね、半きちがいのような、中ではもうそれで自殺した者もおると。

普通の戦争ではそういうことはあり得ないんですよ。やっぱり神風という、それであれですな、岡潔さんと小林秀雄《こばやしひでお》の対談の『人間の建設』（一九六五年、新潮社）の中にもありますけども、とにかくその神風によっていかに連合国軍が恐慌いたしたかと。

これはもうね、実際そこに行った者じゃないと分からんと。それほど恐ろしい現状だったということなんですが、非常に生々しく書いてあるんですよ。

そして、それはおそらくルーズベルト、スターリン、トルーマンなんかもですね、それが一応耳にしているだろうし、そういう状況だから、これ一刻も早く戦争を終わらせなきゃ困ると。

それから『神風』にはですね、アメリカだからこそ対抗できたんだと、ほかの国だったらとても対抗はできなかっただろうということも書いてあります。

それほどやはり特攻というものはね、恐るべきものであった。

だからって、私は特攻を礼讃するわけじゃないですよ。

特攻はやらんほうが良かったけども、特攻で死んでいった若者のことを考えた場合にですね、特攻がそれだけの日本軍事力だった。

それと私はもう一つ、日本人というものはいざとなった場合にはですね、命を投げ出してもやる国民であるということがですな、もし今後の場合でもですね、大きな抑止力になると思うんです。

迂闊《うかつ》に手を出したらね、日本はとことんまで、日本人はすぐ森嶋通夫《もりしまみちお》（経済学者）の言うようにですな、すぐ手を挙げるならば、ポンと手を出しますよ。

手を出したって、これは絶対日本人はね、あくまで抵抗して最後まで頑張るんだ、そういう国民には絶対に手を出せないというね、やはり戦争抑止力の大きな力になるんじゃないか。

私はね、特攻というものがね、原爆を使用する一つの動機になったとも考えられますね。

それと、原爆が戦争を終わらせる大きな動機になったということも考えられるんです。

トルーマンだって、あれを読んでみますとね、決して原爆を使いたくて使ったわけじゃないんです。

これはいろいろな文献読みますとね。結局もうこれ以上、原爆を落としてですね、日本人にもうこれ以上戦争しても無駄だと思わせなきゃ、もうとにかく困るんだ。

しかもソ連がもういつパッと来るか分からんと。これ以上もしソ連に荒らされた日にはそれこそ大変になっちまう。

ソ連がもし来ておったら、おそらく国体護持も不可能でしょうな。

大井　ここのところでね、私はね、特攻というものがね、どうしてもアメリカ側がね、第一次大戦なら機雷ができたりね、それからまあいろんな発明してますね。

何か攻撃が、どこかのひどい攻撃があったらそれに対する防衛策、それに対するカウンターやるわけでしょう。

特攻っていうのは、アメリカの戦闘力は残ってるわけですよ。

ですからね、あの日本がやったね、震洋だ、なんか、大《マルダイ》（桜花）だとかいったものをね、すっかり無効にするだけのね、彼らはやろうと思ったらですよ、しばらく何もできなかったかもしれないけれど、零戦のときでも、みんなこう、（日本の兵器が）だめになるような兵器をどんどんやるわけですからね。

私はね、特攻もあれだったら、アメリカから見れば、ちゃちだと見えるんですね。私から見れば、あんな兵器じゃあ。あんな戦法じゃ、ちゃちだとこういうこと。原爆でもこう何とかいうミサイルでもやられたね、これは大変だけれどもね。それだからね、どうもこれがそういうほどのもの、そのときはそうかもしらんけども、あれを一カ月とか二カ月の間に研究して、これに対抗策を講ずるということはできるからね、それで何とかかんとかやるっていうほどのことは、という感じがあるんですがね、私なんかには。

◉米国兵士が特攻を理解できない理由

泉　私ちょっとね、皆さんもご攻撃された方はおありと思うんですけども、本当に自分が狙われてね、飛行機からですよ、そして爆弾を落とされて。

私は香取《かとり》で、クエゼリンでやられたんですけどもね、そのときに本当に急降下でやってきたんですね。それで、香取は二五ミリの機銃をね、艦橋の上に二つ持ってるんですよ。

私はね、上へ上がって水雷参謀だからね、潜水艦をとにかく早く（空襲を避けるために）沈めないといかんと、なかなか潜水艦沈まなかったね、それで爆弾落とされている。艦尾で火災をやっているやつがおるしね、これは困ったなと思って、そのときに急降下でやってきたんですね。

ところがせっかく二五ミリの機銃を持ってるのにね、当たらないんですよ。まっすぐ来るんですよ、私は（銃手の）肩叩いてね、しっかりしろって言って、早く落とせって、こう言うんだけど、まあおそらく口ではもう聞こえたかどうか分からんけど、当たらんのです、とにかく。

それでそばにおる、あれ（攻撃）を記録取っておったやつにね、主計にかじりつかれる、怖いからね。

そりゃあそうだろうと思うんですよ。

みんなね、指揮してるやつとか、撃ってるやつとか、いろんなやつはそれに夢中ですからね、怖いという考えは全然ないですね。

しかし、当たらん。

それから今度はね、ラボールでね、やっぱり機銃掃射を受けましたよ、狙われましてね。

私はね、もうあれですな、ヤシのあの木、あの陰に隠れたりね、溝に伏したりね、非常に卑怯なようだけども、やっぱり何回もやられてますとね、もう自分の体についてるんですね。

パッとやったりするとね、脇の（人を）見るとやられてるんですね、やっぱりね、身を隠していたがために、卑怯なようだけれども助かってる。

トラックでもやられましたよ。

やっぱりね、ちょっと伏せるとね。私あのときは基地隊司令兼先任参謀だった。やっぱり先任参謀、ちょっと卑怯なようでパッと伏せるんですね。で、伏せなかった人がやられてるんですな、残念ながら。

それでね、私はラボールで対空射撃の指揮官に聞いたんですよ。

どうして落ちないのかったら、いや、落とすやつがおるんだと、落とさないやつはっていうのがね、要するに実戦の経験がないのはね、いよいよそいつを目がけて撃つと思ってね、最後に目をつぶってしまうらしいですね、やっぱり、やむを得ずして。

だからもう落ちないで、最後まで目を開けてがんばったやつが、そいつは必ずその（命中させる）砲台はちゃんとあるんだと。

あそこの基地のあいつは非常にうまいというような話を聞きましたがね、その頃。

なるほど、それは人間の心理ですね、それはね。だと思うんですがね、だから怖いとか何とかっていうのはね、それはもうあれですね、兵隊さんとかね、うまいような人には怖かっただろうと思います。とにかく目がけて来るんですからね。私はやられたわけじゃないから分からんですけれどもね。

そこでさっきの話になりますが、アメリカ人にはあれ（特攻）が理解できなかった。

小池　特攻ということが、あんなバカなことをですね、すること自体が彼らに理解できないから、余計におかしくなるわけです。それははっきり言っておられた。

どうしてあんなぼろぼろのよたよたと来てですね、駆逐艦一隻がボンとなくなっちゃうようなバカなことをやるのかと。

寺崎　自殺作戦。

小池　要するに合理的なものの考え方をする彼らには、あの理解ができなかったから、みんなおかしくなったんじゃないのかというのがその言い分です。

●やはり外道の統率にしか見えない

寺崎　それじゃあ、時間の関係もあるから、こっちから順に、すでに発言のない、中島（親孝・兵54）さんからずっとこう順序に何か言ってもらえますか。

中島　もうちょっと発言したいと思いますので申し上げますが、回天が生まれた一番元はどこだっていえば、私は真珠湾に甲標的《こうひょうてき》（特殊潜航艇）を突っ込んだことだと思うんです。

それだけなら、まだ良いが、続いて十七年五月にシドニーとか、それからマダガスカルとか、こういうところの局地にですね、甲標的を突っ込んだ。

これは、このときは確かに命を救う方法を講じられておりましたけれども、それは望みがないということになりました。

結局だから、それならばもっと効率のいいものに造れと、あるいはもっと潜水艦にたくさん積めるものにしろと。

当然の考えから行くんだと、ただ、それを若い人には自分が行くからというわけで、そういう死ぬよりもほかに道がないような兵器を考えたっていうことは、確かに愛国心の発露だと思いますけれども、元を考えれば真珠湾になぜ甲標的を使ったか。

これは飛行機であれだけ攻撃やったところにですね、五隻の甲標的入れても何にもならないんですね。効果が上がらないんですよ、これ。しかも、入っていけるかどうかさえ分からない。

あるいはその後のシドニーなんかにしても、あんまり真珠湾を褒め上げすぎるもんだから、また行こう行こうっていうわけで、それをまた作戦として使ったところに問題が私あると思うんです。

こういうのがだんだん回天に流れていく筋道を作ったんじゃないか。

それで、その連合艦隊から黒島（亀人・兵44）さん、黒島（亀人・兵44）さんは必ずしもこの考えの元だったとは、私は言いませんけれども、それがまた日本の軍備としてですね、特攻以外ないと。

確かに特攻というのは一番その、特に水中特攻なんかにしましては、最も安直なんですね、これ、極端に言えば。

自動操縦とか何とかいうことをどんどん研究してですね、あるいは同じ弾にしても、近接信管とか、そういうものを工夫していくべきで、あるいは飛行機に対しても、無人でですね、下（地上）から操縦するようなものを研究しなきゃいかん。

ところがそれやっては間に合わないと、こういうことで黒島（亀人・兵44）さんは特攻一本に絞られたんだと思いますが、この辺に問題がある。

それから、今度はあの飛行機の特攻、確かに窮余の策であったと申しましたが、これが確かに沖縄のときには非常に効果を発揮している。確かなんです、これは。

ただ、内地に来た場合、九州なり、あるいは相模湾の上陸が始まるようなときにですね、これがあの当時の効果を発揮できただろうか。

飛行機がどんどん悪くなる。悪くなってもう、最後は赤とんぼ（九三式中間練習機）の、しかもスピードも出ないやつを持ってきておる。こうなればいよいよ命中させることは難しくなる。

遅い飛行機で撃ち落とされないで、うまく命中させるなんていうことはいよいよ難しいんです。

しかしそれにしても、ほかの手がないから、それより仕方なかったので、あれだけの特攻機を用意した、とこういうことなんです。

だからこの辺はいわゆる戦争のやり方の考えじゃないと思うんですね、私は。むしろ一種の外道じゃないかとさえ、私は思うんです。

これはやっぱり表向き、表に書いたことだけ申しましたが、私の腹はその辺にある、それだけ付け加えさせて（ください）。

◉震洋の設計者としての軍令部への不信感

有田　ちょっと、特攻兵器の特攻兵器らしいのは、通常では回天ですけれども、回天のほうはご存じのように九三魚雷というのがメインですが。

別にですね、水雷では過酸化水素でもって（動く）四筒のレシプロエンジンを作って、造機部で試験しようといって、どうしようもないから、私引き受けて、横須賀の造修所で試験やったり、またはタービンでいきたいということもありましたけれども、九三魚雷が発達しておった。

あれ持っていたからまあ、あれですけども、量産となればタービン型にしたら良かったんじゃないか。

しかしまあこれも、僕も中島（親孝・兵54）さんと同じで、推奨はしない。やるならば、まだ簡単な方法がね。

牧野　私は今まで議論を聞いておって、非常に気になる、不信感がある。

震洋の設計者として深くまた建造も指導して歩いて、量産を達成するように、十九年の三月の末から軍令部に言われた。

軍令部からの要求は非常にちゃちなものであったけれども、兵器には舷外機（船外機）を使うという、それによって手軽なものという要求だったんだけれども、舷外機というものは日本では量産では絶対にできないもんである。

それだから私は量産ができる自動車エンジンを使いなさい（と主張した）。自動車エンジンを使うと一トンくらいになる。これで私はやりました。こういう交渉の結果、軍令部はそれでよろしいと。

そういうことでこれは軍令部としてはおそらく一万（隻）くらい（を考えた）、実際は七〇〇〇（隻）ぐらい拵えた。

非常に資材を無駄にした。ことに造機の、トラックのエンジンを非常に要求されておるうちに、それだけを回されたということは、海軍として力を入れとったというふうに考える。

まあ、戦後には非常に悪評で、ベニヤで造ったようなので、どうして役に立つか、というようなことを言われておる。

あれを造った目的は、上陸をしてきた、商船の中の兵隊を満載しているやつ、それをやっつけるという約束であれを造ったんです。

実際の貨物船を、六〇〇〇トンぐらいの貨物船にぶつけて、約六～八メートルぐらいの穴が開くということを確認をしております。

それにこういう約束で造ったものを、戦後に震洋隊の人たちから話を聞きますと、全然自分たちはそんなことは考えてもいなかった。もう自分の命と引き換えにやっつけるんなら、少しでも大きい軍艦が、これを狙わなきゃ、俺の命と引き換えの気が済まん。こういうのが震洋隊の皆さんの考えで、それじゃあ、あの船は役に立たない。

いったい用兵のほうは、我々に約束した使い方に対してどういう考えを持っておられたのかね、これが私はね、一番大きい不信といいますか、約束違い。

あれが軍艦に向かっていけば、もう機銃も撃たれましょうにね、たくさんいたって、たくさん機銃でもってやられる。

暗夜に貨物船に出すのが、それがもう一番。

私はね、隊員から聞いて残念（に思った）。

そのほか、以前は造れ造れと言ってたくさん造らせたんですけども、それに対する作戦上の編制もあんまり作られていない。

陸軍も㋹《マルレ》という同じようなことをやってますが、これは二～三年前に本が出てますが、司令部を作ったりを初めにやってるらしいですね。

海軍じゃもう、ただ造れ造れって号令かけられては造ってたけれども、震洋隊というのは、本当に気の毒なくらいやりっぱなしの状態だったように聞いている。そういう点を非常に反省して頂きたい。

それからもう一つ、その、いよいよぶつかる前に三〇メートルか五〇メートル手前で、舵の角度を固定して、そして脱出をする訓練を一番初めに水雷学校で訓練をしたときにやったんです。たいがいうまくいく。

そういうことを知らずにですね、震洋隊の人に聞くとですね、そういう脱出なんていうことは一言も聞いたことはない。

舵柄《だへい》装置の固定は聞いたかと、それはもういよいよ目標の近くなると、もう頭が錯乱してくるから、その装置を引っ込めない（使わない）人がいる。それでも船の後方へ知らず知らずに行くのを避けるためにあれは付いているんだ、こういうふうに教わっていて、脱出なんていうことは一言も聞いてもいないし、自分たちは体当たりしなければ本当に帰れないと信じているんですな。

以上です。

◉特攻に至る精神構造

寺崎　扇（一登・兵51）さん。

扇　非常に私は感慨深く議論を聴いたんですが、戦争中の武威《ぶい》という問題においてですね、それから戦いというものの本質において、特攻というものが、まあその手段は別にしまして、全く違った次元から戦いに挑んでいったということが、いろんなそういうショック的な、ショック療法、ショックを敵に与えた、非常に恐怖を与えたということが非常によく分かりました。

それから、三代（一就・兵51）君の先ほどのいろいろやり方の問題ですが、今、私が基本問題として戦争をどういうふうにとらえるか、戦争のもっと踏み込んだとらえ方、考え方ということをやろうと思えば、私どもの知らない問題に対して、ある程度やはり洗脳してもらいませんと分からん。

余談もいろいろな逸話も非常に参考になるわけです。

ですから、反省会としましても、私自信のやはり余計なことも、ここで出るということが望ましいと思っております。

前に作られた矢牧《やまき》（章《あきら》・兵46）さんも言っておられたが、この戦争を見ていくのに、ちょっとした年表ができれば、もうそれはできたようなもんだということをかねがね言っておられたんですが、そういう点は確かにあると思うんです。

寺崎　それじゃ田口（利介）さん。

田口　特攻の問題をめぐって、総論と各論と、こんな熱のあるのは聞いたことがないですね。ありがとうございます。

（テープ切り替え）

（特攻の問題はいろいろ）あるんですから。

そうすると一番、真珠湾攻撃のいわゆる甲標的の問題で、いろんな人が来られて、それで、当時の状況を説明しましたら、最後に彼が言った言葉は、アメリカ人はどうしても勝ち負けのそういうことではなくて、戦争という形の中で、どうしても答えられることができないのは、スーサイド・ブレイク、つまり自殺（攻撃）、こういうこと。

あれがどうもアメリカ人の感情になじめない。

あれは一体どういうふうに解釈したらいいのかつまり各論ですね。

どうしてそういうことが（できるのか）。

つまり自殺には、なぜ戦争の中に繰り込むか。それはどうもアメリカ人が一番理解できない自殺、そういうことを私に言いました。

これはアメリカ人と日本人が持っている、あるいは精神的風土が全く左右します。

そこで言うと、鳥巣（建之助・兵58）さんのお説を無駄にしたと思いますけれども、確かにこれは小池（猪一・飛行予備学生14）さんがおっしゃったように（特攻機が）来るだけで、足が甲板につかなくて、ぷかぷか彼らは逃げたんです。

しかし、これは同時に総論から言ったら、それが戦争の終結手段であり、それが戦局をひっくり返す方法になり得るのかどうか。

そういう総論から言ったら、まだ別と思うんですが。

そのときに、彼が私に質問したのは、私はそのときに海軍の報道部でおったものですから、あなたはちょうど、真珠湾攻撃したとき新聞報道したけれど、甲標的の人たちをどういうふうに思うかと。

（私は）軍神だと。

同じことを自分に聞いたNHKの『歴史への招待』で、NHKは私にそういう質問をされて、そのまま録音されて放映されましたけど、やはり非常にこれは、何とも精神的なこれは日本人でないと、理解し、それを鵜呑みにし、不思議に思わない精神構造というのは、ほかの国にはやはりないかもしれない、私は率直にそう説明しました。

今のお話を承っていますと、一番今日私が感銘深く思ったのは、総論的に特攻が一つの戦局を新しい別の戦局に切り替える手段としては、どうも考えられないと。

初めのうちは特攻を使ったらいいじゃないかということも考えられます。

第一、戦果一つで言うと、さっきおっしゃった、ベニヤ板とトラックのエンジンなんて、とてもじゃない。

私の友達で満州で瀋陽《しんよう》というところにおりまして、これは日本の国内にアメリカ軍が上がってきたときに、なんで国民が戦うんだといったときに、それは毎日新聞が竹やりしかないじゃないかと書いた（実際は、「竹やりでは間に合わぬ」と書いた）。そしたら、しばらくたって（記事を書いた新名丈夫《しんみょうたけお》記者に）赤紙が来て陸軍二等兵にもっていかれた。

これはまさしく東条（英機・士17）さんの指示です。

しかし、その竹やりも考えてみますと、竹やりで本当に刺せるのかといったら、誰も刺せると思っておらんので、中島（親孝・兵54）さんが、お書きになりました、まさに教育ではなかったかと。

最近、本当に一番多い本は、私は特攻に関するものが一番多いんじゃなかろうかと気がいたしますけど、そのときに、今日のような本当に真剣なご議論が各論と総論に分かれて、本当に丁々発止《ちょうちょうはっし》、真剣に語られた場に私は出させて頂きまして、非常に光栄に思ってお礼を申し上げます。

◉本土決戦を防いだ特攻

寺崎　鈴木（孝一・兵59）さん。

鈴木　皆さんが先ほど申し上げたことと大差はないんでございますが、鳥巣（建之助・兵58）さんがこれだけのことをお書きになったのは、本当に衷心から敬意を表します。

これはやはり歴史家が一つの問題をとらえるときには、すなわち特攻というものを問題とするときには、やはりこれだけの資料をいろいろ述べられ、あるいは並べられるのが本当だろうと思います。

ただ、先ほど三代（一就・兵51）さんから言われましたように、これを反省会の記録として残すときには、もう少し重点的なところをピックアップする必要があるんじゃないかと思いました。

それから、先ほどから特攻の効果というものについて問題になっていますけれども、効果は、私は立派にあったと（思う）。

あの当時の日本としては、あれよりしょうがなかったので、それがアメリカにまた相当な脅威を与えたということは事実でございます。

したがって、今度はそれが終戦を早めたということも、あるいはこちらの国体護持なんかを早く出したということは、今度ので見ましたけれども、確かであると思います。

アメリカとしましては、早く（戦争を）やめたいということからのことでございますけども、ことに本土決戦となったら、あの特攻が、先ほども一〇〇万とかいう被害（予測）が出ておりましたけれども、本土決戦となったら、どこからどう特攻が出てくるか、これが一番アメリカのほうとしては、恐ろしかったと。

これはいろいろここにも書いてあります。

したがって、特攻があっちのほうに脅威を与えて、終戦を、戦争を早めたという方向をアメリカに決心させたことは事実であると思います。

また、先ほど牧野《まきの》（茂《しげる》・技術大佐）さんも申されましたが、これは二、三年前に三沢《みさわ》の航空隊の創立記念日のときにアメリカのあそこの司令官と直接話し合ったんでございます。

こっちに来て、話したんでございますが、機銃をやっぱりバリバリと撃ってきた中に、こう突っ込んでいくときには、やはりその弾が来ると、自分の照準が狂うと。

これは私は戦争の途中から聞いておりましたので、私もおおよそでもって、囮《おとり》作戦のときあたりは、舵に関係なく、狙わんというわけじゃないですけど、撃ったつもりです。それだけに、先ほどいろいろ話が出ましたが、アメリカとしましては、ああいうものを見ると、非常に恐怖を感じて、照準も狂うと。

あるいは、先ほど牧野（茂・技術大佐）さんのお話もありましたが、いざ自分が突っ込むときには、一〇〇〇人に一人や二人は、舵もあるから、まっすぐに追突するはずでしたが、やはり相手の弾の中をまっすぐに進むというときには、相当な決心が必要でもあり、アメリカの照準が狂うと同じように、そういう点については相当な効果があるものだと私なりに感じております。

以上でございます。

◉日本人でなければできない死に方

寺崎　鳥巣（建之助・兵58）さん。

鳥巣　ちょっと。長いので随分割愛して説明しましたので、説明が足らないところがたくさんあったわけですが、『対話・人間の建設』（一九六五年、新潮社）という岡潔博士と小林秀雄さんの対談がありますが、お読みになった方もたくさんおられると思います。

その中に岡潔さんが、神風のことを随分取り上げておるわけです。そして、ああいう死に方は、日本人でなければできないんだということ。といって、岡潔さんが特攻を推奨するわけじゃありません。もちろん私も特攻は絶対反対です。

先ほど中島（親孝・兵54）さんが言われましたように、もうぎりぎりのどうにもならなくなって、ほかに方法がないと。まあ、手を挙げるというわけにはいかない、というので、何とか戦わなきゃいかん。

そうするとこれしかないんだということで、もう万やむを得ずやったのが、特攻であって、その特攻というのは絶対に推奨すべきものではないし、礼讃すべきものではないと思います。

したがって、この特攻を採用したり、これをやらせた軍の首脳、その他に対して、私は非常に反省をしなきゃならん。

ただし、特攻で実際に死んでいった若い人は、私はあくまで賛美するのであって、といって、私は前のほうに話してもらいますけど、今後絶対に特攻はやっちゃいかんと。

特攻をやらなきゃいかんような戦争はやめるべきだというように私は考えております。

したがって、今後、特攻というのを礼讃もできないし、推奨もしない。

ただし、過去の史実というものは、これをまともに受け止めて、その特攻はどういうことをやったのか、どういう効果があったか、これをプラスマイナスなしに、歴史に残す必要があるんじゃないかというふうに考えている次第です。

◉歴史の中で特攻をどのように位置づけるか

寺崎　市来（俊男・兵67）さん。

市来　鳥巣（建之助・兵58）さんがお書きになりました今日のお話を聞きまして、非常に感銘を受けました。

東京に来まして、「戦史叢書」のほうで一つとして取り上げるべきではないかと感じがあり、「戦史叢書」の編纂のときに出たことがあります。

やはり「戦史叢書」の中で、編纂の時点におきまして、これをどういうふうに取り組むかということ。

もちろん現在、自衛隊としましても、特攻の否定ということが基本的な考えになっております。

それに関連しまして、実際、特攻をやられて、亡くなられた方の立派な理論というものを埋没させてはいけないということ、それからまた、指揮官としても大きな統率の問題も書かれておりますし、死生観の問題も書かれております。

というふうなことで、「戦史叢書」の中で、取り組むには、ちょっと編纂者の力量を伴わずで、また資料的にも非常にまだ不足した時点でありましたので、特攻を取り上げるという意見はございましたけれども、まだ取り上げることにはなっていない。

ご承知のように、今までの海軍の作戦なり、あるいは一部の「戦史叢書」の中にばらばらと入っている。

それはほとんど数字を羅列《られつ》して、アメリカ側の資料と戦果をつき合わせているがはっきりしない。

しかも、そのいかにアメリカ側の資料も実際まだ不備なもので、正確に現場での効果が出たかということについてははっきり分かっていないというふうな時点でとらえています。

鳥巣（建之助・兵58）さんのは、最近出ましたものは、ウォーナーの『神風』（一九八二年、時事通信社）あたりにおいて、非常に細かく詳細に調べられています。

今回感銘をうけた。

基本的には鳥巣（建之助・兵58）さんのお考えがあるでしょうけど、また、皆さんのお考えがあるでしょうけど私は同感です。

寺崎　じゃ、発言のあった人は後にして、福地（誠夫・兵53）さん。

福地　私も、鳥巣（建之助・兵58）君のこの力作で、まことに要領のいいご説明に非常に感銘を受けて聞きました。

そして、いろいろ自分もやはり所見もありましたけれども、今、鳥巣（建之助・兵58）君が一番最後に示した追加のご意見といいますか、それと全く同感です。本当に資料を取り寄せて頂きありがとうございました。

土肥　安井《やすい》（保門《やすかど》・兵51）さん。

安井　本当によく調べられて、感銘を受けました。どうもありがとうございました。

寺崎　じゃ、佐薙（毅・兵50）君。

佐薙　私は特攻が始まった時分には、内地にいなかったので、そのことについては、ほとんど知らなかったんですが、それも断片的には知りましたが、今日の鳥巣（建之助・兵58）さんのお話では、本当に特攻に対して世間で非常に非難しているという。

まだ内容を読んでいませんけど、鳥巣（建之助・兵58）さんのご指摘によれば、罵詈讒謗《ばりざんぼう》しているような本がまかり通っているということも知らなかったんですが、それに対して、反駁の意味もあって、よく特攻の成果、それから特攻に行った人の気持ち、その他、非常に詳しく調べられていて、特攻に対して今まで私が抱いていたものより非常に新しい資料を頂いて、非常にありがたく思っております。

ただ、先ほどからありますように、この膨大なものをすぐそのままあれ（反省会資料）に入れるかどうかは別として、特攻そのものについての説明としては非常にいい新しい資料だと思って、感銘深く聞きました。ありがとうございました。

寺崎　吉井《よしい》（道教《みちのり》・兵51）さん。

吉井　私は幸いにも資料を持っていなかったんです。持っていなかったから、鳥巣（建之助・兵58）さんの言う要点が非常によく分かりました。

ことに、このようなたくさんの資料を自分でこなして、それをエキスにしてお話しになった。非常に感銘深い。

これをどうするかということについては、皆さんもいろいろとご意見があったけど、どう解釈するかということについてご意見もあったようですけども、反省会だから、反省資料にするんでしょう。

これを反省資料にするについては、受け取る人と、使う人とが、いつどうして、どうなるかということは、誰も言えないと思う。

そういうことで、これは大事に残しておいて下さい。そういうことでお願いします。

寺崎　有田（雄三・兵48）さん。

有田　鳥巣（建之助・兵58）さんが最初に言った特攻というものの真実と、最初の真珠湾については、これは一種の特攻じゃないんだと。こういうことですね。

鳥巣　厳密に言いますとね。

有田　厳密に言うとね。

それからそれに関連して中島（親孝・兵54）さんが、あの甲標的が基になって、みんな特攻が出てきたんだと、こういうことを言われましたが、あの真珠湾のときは、僕のクラスにも、さっきあなたが言ったように松村翠《まつむらみどり》（兵・48）ね、すべて改良は終わったので、これはもう出してみようと、こういうことを言ったんだってね。

あれはこの前、あなたがお話しになっていた、最初からあれやって、昔からやっていた、追躡《ついじょう》、触接、監視、あれは、もうだめだとみんな思っていたのかしら。

鳥巣　地方から、司令と艦長なんかがそういう意見を出されたというような文献があるんですがね。

しかし、それは大きな声で言っていないから、泉（雅爾・兵53）さんなんかあまり聞いておられない。

泉　それは全然聞いてないですよ。私、艦隊の参謀ですよ。みんな報告を聞いているんですけど。

有田　それから、私は今日のお話の中に出てきた特攻のね、反省会として反省すべきところは、特攻をやった人じゃないんだと。

特攻を使わなくちゃならんようにしちゃった。

特攻というものが出たのは、中島（親孝・兵54）さんが言ったような最後のほぼぎりぎりで、しょうがなくて使ったんだけど、何というか、それを使った人が悪い、そういうことは反省しなくちゃいかん。

それでは、あんたは絶対反対なんだと。

反省ということに関しては、そこが主だろうと思う。

ただ実際に特攻をやった人は、その効果ということは、有形、無形、いろいろあるのを、それをはっきりさせる。

それは反省じゃないかもしれんけども、あなたがせっかくいろんなことを調べたんだから、大いに反省すべき。

戦争の終止にこれが効果があったということは、これは精神的な問題もあるし、それだけでもってどうこういうことじゃないけども、何かあるような気がするんです。

特攻をやった人たちのことを考えて、何かそれについてでも、そうなったらいいと、私の希望は申し上げます。

それから、回天のあれ（訓練）をやったんです。私は呉鎮（呉鎮守府）の先任参謀をやっていた。

実際、もうあの人たち、本当にもうさばさばして、本当に感心したんです。そういうところを大いにこれから、せっかく調べられたんだから、やはり充分に伝えることは、これは伝えなくちゃいかんだろうと、こういう感想を思った、それだけです。

◉人間魚雷的な兵器の提案に賛成しなかった井上成美

寺崎　黛《まゆずみ》（治夫《はるお》・兵47）さん。

黛　私は昭和五年に、海軍大学校甲種学生の卒業直前、大演習がありまして、赤軍《あかぐん》の山本英《やまもとえい》輔《すけ》（兵24）長官の赤軍旗艦に審判官の補佐官として行きました。

審判長は安東昌喬《あんどうまさたか》（兵28）中将、主席審判官は井上成美《いのうえしげよし》（兵37）大佐、次席は徳永栄《とくながさかえ》（兵41）中佐、補佐官は私の上に石畑《いしはた》（四郎《しろう》・兵46）君と私。

私はその頃、いろいろ考えていまして、戦艦のケビン（船室）をつぶして、人間魚雷を三本か四本ぐらい積んでいったらいいんじゃないか（と考えた）。

また、高速の給油艦のようなものを、人間魚雷の搭載艦として、艦隊に従伴していったらいいんじゃないか。

どういう兵器かといいますと、炸薬が三トン、敵の舷側に当たったら、自動的に潜って、艦底起爆をする。

さて、どうやってそこまで持っていくかというと、遠距離の魚雷を発射すると同じように従舵機で敵の戦隊のほうに行って、敵に一五〇〇メートルぐらい近寄ったならば人間操縦にする。

そして敵の艦首を狙って、ボタンを押すと、第二従舵機が働いて、あとは直進する。

操縦者と指揮官は、ボタンを押せば、乗ったまま座席が分離して魚雷はまっすぐに（進む）。

そういう案を出しまして、井上（成美・兵37）教官に言いましたところが、井上（成美・兵37）教官は、そういうことは不賛成なんだ。それでもいろいろ議論しまして、結局、物別れで、私は非常に憤慨して席を蹴っていった。

それから、昭和七年にそこにいる鈴木（孝一・兵59）君の五九期が候補生のとき、私は、（浅間）副砲長で行っていまして、浅間の連中には、兵科と機関科の候補生に、俺はこういう案を持っているんだが、いざとなったとき、俺も行きたいんだが、お前たちで、行きたい者は協力してくれ、と言ったら、みんなが手を挙げた。

それから、昭和十二年に私は軍務局におって、艦内編制とかして、艦隊に行きましたとき、司令部付に五一期の相当の機関中佐の浅野卯一郎（機32）君が乗っていまして、分隊で造船の実習をやっておった。

そのとき、私は彼に私の話をしましたところが、黛軍務局員の案として、彼が技術屋ですから一まとめにして、実習報告の一部として、連合艦隊司令部に出した。その後、どうなったかは私は知りませんでした。

さて、私は将来技術が非常に発達してから、特攻をやらんでも、特攻と同じような命中を得る兵器ができるんだろうと思います。その場合、ほとんど自動（操縦）ですけど、相当な危険率はあるものと思わないかん。

しかし、日本の陸軍は、二〇三高地を攻撃するときに、ほとんどみんな戦死するぐらいの危険を冒して我々の先輩はやったんです。

しかも、徴兵とか、あるいは応召の補充兵あたりの、本当に一年か二年しか訓練をしないのが、そういうことをやったんです。

我々兵学校を出て、三十年も海軍に勤務した者は、一朝事あるときには、今でも勝つならば、勝つか負けるかというときは、そういう特攻をやるくらいの気持ちでやらないかんと思うんです。

もちろん将来は特攻をやるに必要のない時代ですけれども、特攻に近い、あるいは二〇三高地の攻撃に近い犠牲を出すだけの危険なところも、猛然として欣然として行くような軍人にならないといかんと私は今でも思うんです。

さて、今回の戦争で、特攻をやったのが十九年でしょうから、あの頃はどんなことをやったって勝てるはずがない。

それを、無理して、どういうつもりか、陸軍が玉砕するから海軍も玉砕するという考えかもしれんし、国際情勢がどう変わるかというので、最後まで努力するでしょうけれども、最高統帥はきちっと判断して、あのときは特攻をやっても負けるんだということになれば、特攻をやらなかったほうが良かったんだろうと思います。

最後に、鳥巣（建之助・兵58）君が研究されたことは、皆さん、等しく非常に高く評価しておりますが、私も非常に立派なご研究だと思う。

それで、この反省会の印刷物に載せるのは要点だけにして、あなたの研究を更に研究を重ねて、立派な単行本にして、後世に残して頂きたい。

その代わりに、どうしてもはっきり書いておいて頂きたいのは、あの若い、実際やった水中でも航空でも、あるいは陸上でも、日本海軍の軍人の特攻をやった人の精神を後世まで残すように、できるだけ詳しく強く書いて頂きたいと思います。

終わり。

◉ギリギリのところで目をつぶった特攻機は当たらなかった

寺崎　ありがとうございました。土肥（一夫・兵54）さん。

土肥　終戦の前後、私は軍令部におりまして、軍令部の中に私のクラスでありますが、一億総特攻といってまわる男がいたんです。

それから、私はけんかをしまして、今の言葉で言いますと、人間をコンピューター代わりにして、飛行機を向こうにぶつけようなんて、そんなことは考えるなと。それよりももっと自動的に飛行機の爆弾なり何なりに当たるようなことを考えろと。

お前らは、その一億総特攻なんて言うな、と言って、けんかをしたことがあります。彼は死にましたけど。

それで、黛（治夫・兵47）さんが今言われましたように、現代の兵器は必ずしも人を乗せるよりも、精度が良くなっているんじゃないでしょうか。

特攻の場合は、みんな目をつぶるので、本当のところ、当たらないんですよ。

こう言うと叱られますけれども、当時、戦争中にいろいろ調べてみましたところでは、もう当たるというやつが当たっていないんです。それはどういうわけだろうというと、もうぶつかりそうになると、目をつぶるからだめなんだという話でした。

そうすると、今度は機械でやれば目をつぶることはまずない。

この間のフォークランドの戦争でも、（対艦ミサイル）エグゾセが当たっていますけれど、これからはそういうほうにもっと力を入れていく必要があると。

そして、特攻をやればいいんだというような考えは、用兵上は持たないほうがいいんじゃないかと私は思います。

黛　ちょっとつけ加えたいことなんですが、戦争が勝つか負けるかというときには、特攻、あるいは将来自動装置が発達すれば、今までの特攻と違った攻撃の方法ですが。

今度の戦争の終わりの頃の情勢で、戦略が良くて、アメリカの合衆国艦隊と連合艦隊ではどこかで決戦をやる。そのときに、特攻をやれば勝てるときには、特攻をやったほうがいいと私は今、思う。

ところが、アメリカはすぐ対応策を講ずると大井（篤・兵51）さんが言われたが、それは私は不可能だったと思う。

なぜかというと、アメリカは、あれから戦争後三十五年もかかって、やっと最近になって、巡航ミサイル、魚雷ぐらいの大きさのミサイルを二〇ミリの機関銃で撃ち落とすことをやっている。

海上自衛隊もそうです。それは多数の二〇ミリの機銃の銃身で、（毎分）六〇〇〇発ぐらいの非常に濃密な弾丸の密度です。しかし、それには三十何年かかっているんですよ。

だから、それが戦争の末期に日本が特攻をやって、どっちが勝つか分からないが、結論は先、一年なり、半年なりの間に、アメリカが対策を講ずるなんていうことはとても不可能。

その一つの例は、日本が扶桑《ふそう》、伊勢《いせ》、日向《ひゅうが》なんか造って、相当使いこなした大正十年にペンシルバニア級が一二門の三六サンチで斉発をやるというと、（弾着が）一二〇〇メートルぐらい散るんです。日本は当時六発ずつ撃つんですから、二五〇メートルぐらいです。一二発撃つっていうことは滅多にないんですが、四〇〇メートルぐらいです。

それで、アメリカはこれはいかんというので、ユーロ・オブ・スタンダード、アメリカ合衆国の工業規格院に委嘱して、非常な金を使って何回も何回も（実験した）。その機密報告が日本の調査によって大正十年頃日本の軍令部に来たんです。

私は砲術学校の教官として、四、五年後にそれをよく読みました。

ところが、一生懸命やっても、昭和九年にやった戦闘射撃の砲術年報を見ると、一二〇〇メートルが八〇〇メートルになったけれども、日本の三〇〇メートルの三倍もあるんです。

それから今度、昭和九年のを昭和十年に入手して、それが最後で戦争になったんですが、戦争後、建国二百年祭に私は海将を引退をした永井昇《ながいのぼる》（兵59）君に頼んで、彼はアメリカ海軍大学の卒業生ですから、そういうことが無断で通って印刷物をもらってきてもらった。

それによると、やはり一九三六年（昭和十一年）に、やはり昭和九年と一つも変わらないんです。散布界は八〇〇メートル、だから、うんと金を使って、大正十年からずっとやっているけれども、そううまくいかないんですよ。

ですから、今の特攻に対する射撃も、現場で使われたやつですけれども、おそらく昭和二十四、五年ぐらいになっても、日本のあの当時の特攻を封止するだけの技術は得られなかったと私は思うんです。

それで、大井（篤・兵51）さんもこの前から、私の説明に対して、アメリカは何でもすぐできるように言うが、私の研究したところでは、それしかない。終わり。

有田　土肥（一夫・兵54）さん、あなたは、最後のときに、大西（瀧治郎・兵40）次長が自決した前に、部員に何か言っていた。

土肥　覚えていません。

◉特攻用の艇はたくさん造ったが肝心の作戦計画がなかった

泉　ちょっとそれじゃ一言。

さっき牧野（茂・技術大佐）さんが非常に心配されましたけど、どうも船をたくさん造って頂きましたね。

実は、あの回天四型（蛟龍《こうりゅう》の誤り）、あなたのあれもたくさん造りました。いっぱい造ったんですよ。

それで、もう横須賀の軍港は何と、大きな船は一つもいないんですけど、ああいう船で全部埋まるぐらい、最後はそれほどのものを造ったんですよ。

それから今の砲術学校のあの湾とかにね、震洋とか、ああいうやつをだーっと造った。

それから、さっき言われた浅野（卯一郎・機32）さんのあれは海龍です。あれもたくさん造って、そして、それをどんどん方々に全部配付したんですよ。

私はね、横須賀鎮守府の、あそこには作戦参謀はいないんですね。それまで先任参謀とあれしかいないんですよ、補給参謀じゃなくて。

とにかく作戦計画が一つもできてないんです、昭和十九年の五月に。

それでね、お前、行って、やれ、と言われてまして、戸塚《とつか》（道太郎《みちたろう》・兵38）長官ですから、行って、そして穴をずっと（掘った）、当時のその穴が残っています。

第一から第四までどんどん入ってきたんですよ。

それで、さっき心配されたように、それはね、教育とは別ですよ。実際使うやつとは教育とは別ですよ。そういう意気込みでもちろん訓練させたんですがね。

だものですから、たしか五月二十五日あたりに、東京に猛烈な空襲があったでしょう。あのときに、戸塚（道太郎・兵38）長官にお願いして、あのときは厳島《いつくしま》がおったから。それに僕のクラスメイトの福島《ふくしま》（栄吉《えいきち》・兵53）が、駆逐艦（響《ひびき》）にちょうどおったものですから、その駆逐艦と三杯ぐらいで出て行きまして、それで震洋艇の夜襲をもちろんやったわけなんです。

そしたら、さっきの話じゃないけれど、ちゃんと制令を作って、とにかく二〇〇メートル以内に近付けちゃだめだぞと。

そしたら、なんと、ぶつかる、ぶつかる。

それほどすごい訓練をやったんですけど、やりましたけど、残念ながら、そちらのほうの網代《あじろ》におるやつが、どうせ、未熟なんですね。なんと帰ってこないんです。だものですから、探してみたら、熱海のほうに行っちゃった。そういうことなんです。

それで一生懸命訓練しまして、それから後で、七月八月になって、（米艦隊が）砲撃したでしょう。

戸塚（道太郎・兵38）長官に私は呼ばれました。お前、ちゃんと作戦計画を立てておるのに、なぜやらんのか、と、こういう質問なんですね。

長官、待って下さい、と。

あの機動部隊は、夜来てすぐ砲撃する、その間すぐに特攻をかけたって、それは何かというと、水雷艇とか今の震洋艇とか、そういうやつなんですよ。そしてまだ訓練ができていない。一生懸命でみんな司令がやっておった。第一、第二、第三、第四、特攻戦隊、こっちは第三特攻戦隊ですな。

それで、こっちがあれですよ。偉い人がみんな司令官に、三戸《みと》（寿《ひさし》・兵42）さんも司令官で出て、私の前の司令官だった大林《おおばやし》（末雄《すえお》・兵43）さんも司令官でずっとあれして、九州で全部、穴を一生懸命で掘るときに、ようやく横須賀で図上演習がありまして、陸軍にも来てもらいまして、そして特攻の図上演習までやったんですよ。

いろいろ作戦命令を立てて、でき上がったから、長官に出しますと。

おかしいぞというのは、八月のいよいよポツダム宣言のあれが出たものですから、とうとうそれは発動しませんでしたが、そういう後で、こういうやつも、私はこれから書きます。

そして、牧野（茂・技術大佐）さんのような非常に優秀な人が、戦艦を造っておられた人に、そういう小さい船をたくさん造って頂きましたので、非常にありがたい。ただ、私の用兵家としては、お礼を申し上げます。

黛　私はレイテから帰って、入院して出るというと、昭和二十年一月に横須賀の鎮守府の参謀副長になった。そして教育の担任です。

そうしたら、連合艦隊から、横鎮の参謀副長は、特攻の戦術を研究するようにしてくれと。そして私はよく日吉《ひよし》（連合艦隊司令部）に行って、いろいろ連絡して、研究の方針を作成させたり、また、研究の成果を報告したり、そして、主なことを言いますと、浅野卯一郎（機32）君が考えた海龍、あれを特攻隊の人は初めからぶつかるように考えているんです。

そこで、私は魚雷のある間は、普通に攻撃をして、帰ってきて、魚雷を積んでいくと、もう魚雷がないときには、仕方のない特攻をやれと。

それから、五月頃だと思いますが、私はもう横須賀鎮守府の参謀副長を辞めて、新しくできた化兵戦部の先任部員。

それで、九州で方面軍が海軍の特攻隊と一緒になって、図上演習をやり、私は行きましたが、私が当時行ったのは、バイ菌戦をやるためなんです。それから毒ガスと。

しかし、前からの関係があるので、特攻及び蛟龍の使用なんてのを、いろいろ司令に言ったんですが、おおかた司令官の態度は、大きな潜水艦と同じように捜索列を作って、土佐沖まで出ているんですよ。

そういうことはとても無理なんで、私は、海龍でも震洋でも蛟龍でも、敵の上陸する輸送船から舟艇に乗ると、あるいは、ＬＳＴ（戦車揚陸艦）に乗るために集結したところから、陸上に発進すると。

それはだいたい当時の研究では一万メートルなんだから、だいたいどの船も一万メートル、プラスマイナス二〇〇〇～三〇〇〇メートルで、海岸に沿って歩いていれば、必ず敵にぶつかると。そういうことを強く提言したんです。

ところが、陸軍の稲田《いなだ》（正純《まさずみ》・士29）という方面軍の参謀長は、私の話を聞いた後で、陸軍に対して、海軍は今のようなことを言われるが、そううまくいくかどうか分からんから、陸軍としては、あまり海軍に期待せずに、陸軍独自で敵と戦をすることをもっと研究せいと言っていました。終わり。

◉当時の日本にとってやむにやまれぬことであったが……

寺崎　ありがとうございました。時間がだいぶオーバーしましたが、また終戦工作、そういうところとも関連して研究をお願いすればありがたいと思っています。

なお、鈴木（貫太郎・兵14）総理、僕はいろんな本を読んでいますが、横鎮（横須賀鎮守府）を最後の総理が訪問されてですね、僕のクラスの安久《あんきゅう》（栄太郎《えいたろう》・兵50）なんかが案内してくれたんだが、吉田《よしだ》（英三《ひでみ》・兵50）という僕の同期生が、あれは中央の軍務局におってついていったそうです。

あの特攻の全体（説明）をやって、（総理は）ほうー、と言って、これじゃ、とてももう戦はできないから、終戦に決めたという非常な決断をしたということは、鈴木さん自身の記録に残っていますね。

ああいうふうなもので、とてももう敵のあの軍艦のごとく八〇〇隻とか、大集団で押し寄せてくるのをね、それを日本の特攻なんかというのは、全国に配備すれば、私も呉鎮守府で特攻、いわゆる特攻戦隊というのがあって、配備したんですが、ああいうふうなもので、とても大量のは（無理）。

だから、やはり鈴木（貫太郎・兵14）総理や、あるいはニミッツが言うように、ああいう特攻は、大局上はやるべきものではなく、邪道、外道であるというふうなことを、やはり初めからしないように。

しかし､日本人には､こういうやむにやまれぬことでやって､こういうふうにやったんだと。

そして、これを推奨しなくちゃいかんというふうなことで、ずっとやってもらえば非常にいいんじゃないかと思いますが、私は現在、竹田の宮様（恒徳親王）がやっている、特攻慰霊奉賛会の副会長を海軍で誰もやらないので、佐薙（毅・兵50）君と僕と、あと陸軍の人がやっているわけですが。

そして今、靖国神社に何がしかの有志が集まって（祀った）。ようやく福岡君が、この間、亡くなりましたけれども、かれは、（私たちが）震洋も特攻だというので、非常に猛烈なる反撃がございました。私はしまいには、三月には非常に抵抗して、申し訳なかったと。自分の真意はそういうのではなくて、あれを全体として祀ってもらいたいんだという意見をして、そして亡くなったわけですが、そういう精神を生かして、陸海一体で、特攻精神を顕彰する。

精神は残すということはそれだけはいいと思いますので。回天あたりは非常に詳しく鳥巣（建之助・兵58）君が書いて、これぐらい厚い本がありますよ。本の要点はこれに載っておる。

それから、妹尾《せのお》（作太男《さだお》・兵74）君が非常に苦心をして、今度あれはオックスフォード大学と同じ本を出すそうですが、非常にそういう意味で世界でこれを驚嘆しているわけですから、この精神はこれから伝えていかなきゃならんと思います。

実際は日露戦争のときにすでに（旅順港）閉塞隊のあれ（突入）は、あの当時の特攻でしょう。

あれは帰ることを非常に重要視しています。

今度の特攻は片道特攻で、本当にこれは大変なことだと思う。

大東亜戦争に突入して、そういう点で研究の価値があるというのを非常に熱心に、まことにありがとうございました。

土肥　新見《にいみ》（政一《まさいち》・兵36）先生、一つ最後の。

新見　今日は皆さんが非常に感動しておるように、鳥巣（建之助・兵58）さんの特攻に関するご研究、非常によくご研究されていると思います。

私は今日のお話以外に、鳥巣（建之助・兵58）君の書かれたものを拝見したことがあるんですけど、私自身も、そしてまたご意見にも私も共感を持っております。

それからもう一つ、まだいいですか。

土肥　よろしゅうございます。

新見　ほんの三分で。

先ほど大井（篤・兵51）さんが鳥巣（建之助・兵58）さんに質問されましたが、特攻が終戦に効果があったということ、聞かれたと思うんだけれど、どういうことですか、はっきり。

大井　終戦の条件をですね、トルーマンがこれによって、緩和したかどうかということです。国体護持というものを。

新見　それで、ちょっと答えることに、わしはもう一つお話ししますけれども。

ルーズベルトは、いろいろと神雷（桜花部隊か）の存在に神経を悩ませたんですね。目的ではもうあれでいいんですからね、あまり心配しないんだけど、神雷の存在に気持ち多く悩ました。

それで、ルーズベルトがヤルタ会議に出る前に、（特攻は）それはたった一人の特攻隊員によって、少なくとも五〇人以上の犠牲者を出すというんだな。

そういうことをされたら大変だと非常に心配していたらしいんだ。

これはあなたのことだから、よく知っているだろうと思うけど、そういうのを書いた本があるんですね。

私も読んだことがあるから、概略をお話しするんですけど、それで、心配をもって、彼はヤルタ会議に臨んだんだな。

あの当時はアメリカ大統領ルーズベルトは心身共に疲労して、ヤルタ会談のクリミア半島の先にルーズベルト、チャーチルが着いたときには、ルーズベルトは自動車に乗って閲兵し、その頃チャーチルは歩いたという、非常に心身共に疲れておったんですね。

それでもって、ヤルタ会議では、ルーズベルトとスターリンだけで会議をやった。

初めはね、日本の降伏条件を、後の始末もスターリンとの話し合いには、チャーチルは出てなかったんだからね。

そのときに、スターリンがルーズベルトに向かって、参戦する以上はね、何か一つお土産をくれなきゃ困るというわけだね。

それで、千島《ちしま》ですね、それをよこすようにしろということを申し出て、それでそれをルーズベルトは承諾したというわけだな。

これは、後で日本の関係があるわけだけれど、そういうことをした。

アメリカでは、ソ連の参戦に反対しようと言っていたんですね。それで、ソ連が太平洋戦争に参加するようになるとね、面倒な問題が起こると。だから、極力、ソ連の参戦を避けなきゃいかんと。

そのためには、ソ連が参戦する前に、日本を降伏させなきゃいかんというので、当時、日本の降伏、これは先ほどの原子爆弾の使用もそれと関係があるんだね。ソ連が参戦する前に日本を降伏させるためにああいう兵器使うことになったんですね。

そういうことで。

もう一つ、水中特攻で、これに類したことは、欧州もありましたね。皆さん、ご存じか知らないが、（ドイツ戦艦）テルピッツをあれ（特殊潜航艇で破損させた）した。ノルウェーで、一時、行動不能にしたんですが、これは非常に効果があったんだね、戦略的に効果があった。アメリカの軍艦が（行動を）非常に制約されたんだな。

それで一番困ったのが輸送船団をもって、ロシアを援助するのが、軍需品の輸送、テルピッツがそこにおる以上、非常に脅威を受けておった。あれが大西洋に出てね、通商破壊されることを、非常に心配しておったやつがだな。

この潜水艦（艇）の功績は一時的であったけれども、とうとう飛行機でもって撃沈するまでの間、征圧したわけなんだね。

それで全然といっても、非常に水中戦に対する潜水艦（艇）の襲撃っていうものは、だいぶ効果があったようですね。皆さん、ご存じだろうと思うけど。

土肥　今日は、研究はここまでにいたしまして、この次は、暑い時期でありますが、七月十九日、二十日、二十一日、この三日のうち、皆さんのご都合のいい日に。

じゃ、一応十九日ということに。

第二章

水中特攻作戦の真相を語る

【第二章の内容について】

本章は、昭和五十六年八月二十六日に行われた、第二十回「海軍反省会」において議論された内容である。

『[証言録] 海軍反省会』の第二巻に収録されている。

水中特攻作戦を中心に語られているが、これは同時に海軍の潜水艦作戦の破綻《はたん》を明らかにしているとも言える。

日本海軍は、ワシントン海軍軍縮条約批准以来、対米劣勢を運命づけられた主力艦の補助戦力として、潜水艦を極めて重視していたとされている。

実際、日本の潜水艦戦力は大きなものであり、潜水艦自体の技術的発達もあった。

ところが、実際の艦隊の中において、潜水艦はいささか不当に扱われていたと言える。

潜水艦畑はエリートコースとは認識されず、連合艦隊の中においても、潜水艦部隊の発言力は極めて低かった。

信じ難いことであるが、連合艦隊司令部には、砲術参謀、水雷参謀、航空参謀、機関参謀、通信参謀等々ずらりと参謀が並んでいるが、膨大な兵力を擁しながら、最後まで潜水艦参謀はなかったのである。

では、誰が潜水艦作戦を指導していたかと言えば、潜水艦の主兵器が魚雷であるというだけの理由で、水雷参謀が兼務していたのである。

ところが、水雷参謀は水雷戦隊出身者であるから、軽巡洋艦と駆逐艦を主兵力とした部隊の作戦指導はできるが、目的、機能の全く異なる潜水艦に関しては、事実上素人であった。

潜水艦専門家にとって潜水艦は、通商破壊か隠密偵察で能力を発揮するべき兵器であるということが常識であった。だが、艦隊決戦に魚雷で臨むことを目的としていた水雷参謀の多くは、潜水艦に、その能力を無視した軍艦攻撃を期待していたのである。

回天《かいてん》作戦自体、この思想の延長にあるために、回天を使用する水中特攻作戦も、結果として、損害ばかりで戦果の少ないものとなっていったのである。

◉日本の水中特攻作戦の失敗を言い当てていた敵将・ニミッツ

鳥巣　水中特攻作戦の失敗ということで説明を述べます。

我が方の最小限の犠牲で、敵に最大の犠牲を強いる。これを積み重ねていくことが戦勝への着実な道であることは言うまでもありません。

ところが日本の水中特攻でも、残念ながらその逆を行ったとしか考えられないのです。

「真珠湾攻撃における日本豆潜隊の戦果は、皆無に近いものであった。その不首尾の攻撃は、日本側の潜水艦用法の中心思想を示している」

先のニミッツ元帥の言葉は、残念ながら適言というほかないのであります。

あの使い方と同じ思想で全ての使い方をしたというような気がいたします。特殊潜航艇《とくしゅせんこうてい》作戦とか、或いは特四内火艇《とくよんないかてい》作戦、回天《かいてん》作戦。このいずれも、その例外ではないように思います。

◉労多く功少なかった特殊潜航艇作戦

鳥巣　①特殊潜航艇作戦

まず、特殊潜航艇作戦でありますが、私は労多く功少なかった特殊潜航艇作戦と言いたいのであります。

ハワイ作戦で五隻の大型潜水艦が、特殊潜航艇一基宛を搭載して、パールハーバーの奇襲に参加した。これはもうみなさんよくご存じの通りであります。

この特殊潜航艇の初戦は、攻撃威力などを仔細に検討すると、たいした期待をかけ得ないことは、もう一目瞭然であります。

しかも潜水艦の活動を拘束し、さらに特潜収容のために、特定海面で長い時間うろうろ待機する。そして帰ってくるのを待ってる。

あの重大な戦機に、五隻の潜水艦が貴重な時間を空費しておるわけであります。しかも非常に有能な一〇名の有為な戦闘員をも殺してしまった。私はこんな作戦は、どんなに贔屓目《ひいきめ》で見ても、戦争の目的に合致するものではないと思います。

ところが、同じ作戦を十七年五月三十一日、豪州のシドニーとマダガスカルのディーゴスワレスに対してやっております。

その時使った潜水艦の隻数は、シドニー側が六隻、ディーゴスワレス側が五隻。計一一隻の最精鋭潜水艦を投入したのであります。

これは乗せてた船だけじゃなく、偵察とか何とかに使う。その間結局、交通破壊戦なんかできないわけです。

潜水艦はその前後、長い期間いろいろ制約を受けて、打ってつけの任務ができなかったと。全く考えてみると、無駄なことをやったというふうに思われます。

もし、これらの潜水艦を、こんな不自然な作戦に使用しないで、交通破壊戦に善用しておったら、多大の戦果を挙げたであろうことは先に述べました、伊の一〇潜とか伊の二七潜などの活躍に照らして、分明じゃないかというふうに思うんであります。

なぜこのような奇襲作戦に執着したのでしょうか。

その一つは、商船の価値を非常に過小評価しとった。そして海軍の艦船を過大評価していたという非常に抜きがたい偏見があったのであります。

極端に申し上げますと、一〇〇隻の商船より空母一隻と。

一〇隻のタンカーよりも一隻の軍艦という、戦争の大局を見ない、近視眼的な兵術思想が、海軍上層部の中に根強くはびこっとったんじゃなかろうかというふうにまで、私は考えるのであります。

特殊潜航艇作戦、私はけっしていい作戦ではなかったというふうに思います。

◉竜巻作戦についての実体験にもとづく話

鳥巣　②竜巻《たつまき》作戦

次は竜巻作戦です。

これは私は直接関係のある作戦でありますので、私の体験を織り込みながらお話し申し上げます。

トラックの大空襲の後は海軍大学校は閉鎖になりまして、私はトラックの六艦隊に着任したのであります。

私が三月の中旬に六艦隊の水雷参謀に着任、渋谷《しぶや》（龍稈《たつわか》・兵52）中佐からの申し継ぎを受けた直後に、大本営の潜水艦、担当参謀がやって参りました。

高木《たかぎ》（武雄《たけお》・兵39）長官、仁科《にしな》（宏造《こうぞう》・兵44）参謀長、先任参謀と私の前で特四内火艇の説明をしました。

当時、すでに、マーシャル群島はアメリカの手中に落ちておりまして、メジュロとクエゼリンに機動隊が停泊しとるという確実な情報が入っとったわけです。

そこで大本営では、このメジュロの敵機動部隊を奇襲したいという考え方で次のような作戦計画でした。

新鋭大型潜水艦六~七隻と特四内火艇一四基を早急にトラックに集結すると、そしてトラックの環礁内で訓練と作戦準備をやって、準備できしだい、マーシャル群島のメジュロ奇襲をやると。

結局、七隻の潜水艦、一四基の特四内火艇、二八本の魚雷による敵機動隊の攻撃という構想であります。

私は着任早々でありますので、遠慮しながら黙って聞いとったのですが、長官から参謀長、あるいは先任参謀が、なんか意見を出すだろうと思っとるんですけど、三人とも黙って何にも発言がない。

そうこうしてるうちに、もうすでに了承したような格好になってしまう恐れがありましたので、私は業を煮やして発言したわけです。

特四内火艇がいかなるものか私も分からんけども、いろいろ問題があると。納得しかねると。

第一に、このような高度の機密を要する作戦を、トラックで訓練をやろうなんていうことはとんでもない話だと。もうすでにその時は、トラックは毎日敵の飛行機が偵察に来とるわけです。しかも一日一回ぐらい。こんな所で高度の機密の作戦準備なんか、これは不可能だと。

それからすでにトラックは廃墟と化してるので、工作施設なんか全くない、特四の整備だってどうするんだと。

第三に、特四内火艇がどんな兵器か分からんけども、成算はきわめて少ないんだと、自分は思うんだと。

で、私は最後に、大体こんな作戦をやること自体が反対だと。潜水艦長たちはみな、今こそ敵の補給遮断作戦に、全潜水艦を投入すべきであると。

輸送しとる潜水艦作戦を本来の姿に戻すべきじゃないか。ということを私は申し上げたわけなんです。これは大本営参謀に対してだけじゃなくて、六艦隊の長官、参謀長、先任参謀もそういう頭になってもらいたいという念願で、私は言うたもんであります。

●補給遮断戦をやるべしと主張していた潜水艦長たち

鳥巣　これは一つは私は着任した日に、当時トラックに碇泊しておった五～六隻の潜水艦長が、「おい鳥巣《とりす》、お前に話があるんだ」と。

先任艦長が私のクラスの井元《いもと》（正之《まさゆき》・兵58、伊三二潜）少佐だったんです。井元少佐以下、板倉《いたくら》（光馬《みつま》・兵61、伊四一潜）少佐とか、或いは川島《かわしま》（立男《たつお》・兵64、呂三六潜）君とか、山口《やまぐち》（一生《かずお》・兵61、伊二潜水）少佐とかそういう連中と車座になって、いろんな話をしたんです。

彼らは連合艦隊、あるいは大本営、あるいは六艦隊の潜水艦使用法に対しては、全く不満でありまして、こんな使い方されたら潜水艦は全然戦果挙がらんぞということを、どうしても交通破壊戦に投入しろということを盛んに言うわけです。

結局、今までの参謀には言う相手がいないので、新着任の私に言うんです。

私も潜水艦長をやった経験もあるし、全く同感だったので、潜水艦長の代弁も兼ねて、そういう意見を述べたのでありますけれども、大本営の参謀は私の一号でありますけれども、「黙れ」と、「本件はすでに大本営の基本方針である」と。「六艦隊の上層である中部太平洋方面艦隊司令部も了承済みだ」と、南雲《なぐも》（忠一《ちゅういち》・兵36）長官とかが、やってたんです。

結局私の意見なんかは、とにかく簡単に黙殺されていってしまったんです。

それからまもなくパラオの連合艦隊で打ち合わせがあるから来いということで、大本営参謀と連合艦隊の小池《こいけ》（伊逸《いいつ》・兵52）参謀と私と三人がパラオに集まりまして、旗艦武蔵で打ち合わせをしたわけです。

その時はもう大本営は、その作戦を連合艦隊に押し付けるために、大本営参謀がやって来た以外の何ものでもないわけであります。

ところがその直後に、ご承知のように、パラオが大空襲。

そして、古賀《こが》（峯一《みねいち》・兵34）長官以下、連合艦隊司令部は全滅する。

私はその大空襲の直前に、一人だけサイパンに飛んでいく飛行機に乗せてもらって私は危機一髪で助かったんでありますけども、それは余談でありますけども、結局、連合艦隊司令部は全滅。そこで特四内火艇の作戦も宙に浮いたわけであります。

連合艦隊の作戦指揮は混乱して、潜水艦作戦も宙に浮いてしまったありさまです。

長い空白期間でありましたけども、この十九年の春こそ、潜水艦部隊は、従来の一切の輸送作戦をはじめ、もろもろの仕事を一擲《いってき》して、敵の大軍の後方一万キロに及ぶ補給大動脈の寸断に全勢力を提供するべきだと。これはもう潜水艦乗りのほとんど、そして潜水学校の教官連中の意見もそうだったわけであります。

ところが肝心の大本営や連合艦隊は、依然そういうことは考えてなかったのであります。

てておったんであります。

◉海軍上層部は「敵の空母」しか眼中になかった

鳥巣　昭和十九年の四月一日の資料を見ますと、日本の海軍潜水艦の戦力は、最も増強されておったんであります。

六艦隊の潜水艦が六八隻、呉鎮が一五隻、横鎮三隻、計で八六隻も数を数えておりました。開戦後最大の隻数になっておったのであります。

もし、この時期に大本営の英断で、補給遮断作戦をやっておったならば、相当の実績になっとって、敵の侵攻も多少遅らせ得たんじゃないかというふうに思うのでありますけれども、残念ながら大本営自身が邪道に足をつっ込んでおった始末であります。

その証言記録ですが、戦後、ドイツ武官のポール・ベネカー（Paul H. Weneker）海軍中将が、日本潜水艦に関する証言記録を残しておるんでありますが、次のように言っております。

「ドイツ海軍省の要望は、あらゆる手段を尽くして、太平洋方面のアメリカ船舶攻撃に日本潜水艦を最大限に利用させるのにあります。

この問題については、ドイツ当局と私の間に、数回の文書交換があり、前記方針で交渉を進めるように指令を受けてきました。

これに対し日本側はいつも、我々はアメリカの艦艇攻撃のために潜水艦部隊を控置しておかねばならんのだと、応酬するのが常です。

日本側の主張の論拠は、商船隊は、アメリカの巨大な生産力を以てすれば保有できよう。しかし海軍戦力こそは、敵の主力であり、この艦艇と訓練された乗員も急速に補充することは、きわめて難事であると。しかもその艦隊こそ、論理的にも我々の主攻撃目標だ、と言うのである。

そこでもし、彼らが惜しげもなく潜水艦を投入するとすれば、それはアメリカ艦隊に対してでなければならなかったんです。

日本海軍は終始、アメリカ空母のことを頭痛の種にしていました。アメリカは目下、何隻建造中だったとか、何隻太平洋にいるのか。寝ても覚めてもこんな話ばかりです。

彼らの話題は決まって空母のことばかりです。その次の攻撃目標は戦艦、巡洋艦、その他の艦艇ということになっていて、よほどの好条件でない限りは、商船には目もくれませんでした。

私はベルリンからの訓令によって、特にタンカーや運送船を攻撃する機会が多い。

特定の補給路に重点を置くよう示唆していましたが、彼らはてんで受け付けませんでした。

私はまた、ホノルルと米西海岸との間の航路を攻撃してもらえないかと提案してみました。というのは、そうすれば米海軍は武装船団を編成せねばならないことになって、西部太平洋からたくさんの護衛艦隊を撤収、転用せねばならないことになるからです。

しかし、日本の回答は依然としてノーです。攻撃目標はあくまで敵の空母一点張りで、この原則を彼らは、がんとして変えようとはしませんでした」（ベネカーの証言）

まさに日本海軍の考え方がこういう状況だったと思われるのであります。

◉特四内火艇でメジュロを奇襲するという無理押しの作戦

鳥巣　古賀司令部全滅の後、豊田（副武）司令部が五月初頭スタートしたのでありますが、私はもう一月も経っとるので、特四内火艇の作戦なんかもうやらんだろうと、実は思っておったのでありますが、どっこい連合艦隊から特四内火艇の作戦もやれという命令がきまして、竜巻作戦という名前で指令が出たのであります。

そして六艦隊司令部は内海西部に移動いたしまして、筑紫丸《つくしまる》を旗艦として、柱島《はしらじま》で特四内火艇の竜巻作戦準備をやったわけです。

私は水雷参謀であり、訓練参謀という関係から、残りの主務参謀をやったわけでありま す。

訓練はやればやるほど故障は続出するし、全く手がつけられない状況であります。漏水、低速、轟音、機械故障、越礁訓練をやればすぐエンコする。こういう兵器を使って、メジュロを奇襲するなんてことはとんでもないことであります。

先ほど説明を逃しましたけども、七隻の潜水艦がメジュロの周辺に同時に浮上しまして、そこで特四内火艇を発進させるわけです。

特四内火艇というのは、水陸両用戦車なんです。水陸両用戦車でありますので、外周からリーフまでプロペラで行きまして、そしてそこでキャタピラに切り替えて、リーフを乗り越えて、乗り越えたら今度また海に入ったら水上をプロペラで走っていって、そして魚雷を発射して敵の機動部隊をやっつけようというのが特四内火艇の作戦なんです。

ところがそのためには、音があまり出ちゃ困るし、また、瀬戸内海からマーシャルまで四〇〇〇キロぐらいあるわけですから、その間、潜航浮上していくわけです。

それはもう水密でなくちゃいかん。いろんなことを考えますと、とてもじゃないけどできません。

結局私は、長官、参謀長に、この作戦は無理であるということを申し上げまして、結局通ったです。

そしたら早速、長官と主務参謀が、飛行機に乗って来いというわけで、柱島から、木更津沖に停泊中の連合艦隊旗艦大淀《おおよど》まで飛んでいったわけなんですが、豊田長官が着任早々の連合艦隊命令が流れてしまったと。

もともとこの作戦は、連合艦隊はまるで請け負いであったわけでありますので、連合艦隊としては、妙な作戦を掴まされたわけであります。

しかし、連合艦隊としては、もう少し徹底的に検討した上で作戦命令を出すべきだと。いい加減な作戦命令を出して、結局はボツになると、まことにみっともない話であります。

私に言わせると、大本営や連合艦隊がまるで藁をも掴むような作戦をやったというふうに思われるのです。

◉運搬用として造った特四式内火艇を攻撃用に使おうとした大本営

鳥巣　大体この特四内火艇っていうのはどんなものかと申し上げますと、これは十八年の初

特四式内火艇

め頃、呉工廠の造船実験部におった堀元美《ほりもとよし》君が、当時技術少佐でありますが、彼が南方における輸送作戦に潜水艦が非常に困っていると、それならば、潜水艦の上に内火艇を積んで、そして目的の海岸まで行ったら、そこで潜航してそれを離すと、そうすると特四内火艇は、のろのろ海岸まで行って、海岸にのろのろとのし上げて、そして陸まで行く。

要するにその間のわずかの間、安全に糧食、弾薬なんかを運搬させようという目的で造ったのがこの特四内火艇。

非常にシビアな作戦なんかには使える代物じゃないんです。もともとそういう目的で造ったわけですから。これは技術者の責任じゃなくて、こういう作戦をやろうとした大本営のミスだと思うんであります。

こういう作戦を計画したのは、南方から帰る途中、呉に寄った大本営参謀が、なんかいいものないか、というのでもらったのが、その青写真です。

これを東京に持って帰って、黒島軍令部二部長に見せたら、これはおもしろいということでさっそく飛びついて、これに魚雷の搭載をして、そして環礁内の敵機動部隊の攻撃をすると。そして四基を試作して、情島で奇襲訓練を始めました。というような代物でありました。

私に言わせると、まことにおそまつな計画を立てたものだと言わざるを得ないのでありまして、もしこれを実施しとったら、失敗をしただけじゃなくて、七隻の潜水艦はおそらく全滅するんじゃないかというふうに私は思ってます。

最初から私が反対したのが、そのままその通りに、途中でも何回も大本営参謀には、とても成功できないぞと言うたのであります。

初戦の時のハワイ作戦とは違って、敵はすでに警戒をしとるし、そんな所に七隻の潜水艦が隠密に奇襲できるなんていうことを、考えること自体が、もう全くおかしな話だというふうに思われます。

震海

◉まったく使い物にならなかった「震海」

鳥巣　次に出たのが震海《しんかい》という兵器であります。

これは結局ものになりませんでした。

実は、この震海というのは、当時イタリーとか或いはイギリスなんかで、敵の港湾に忍び込んで、そして敵艦の艦底に取り付いて、そして爆薬と時限信管を取り付けた頭部を離脱して、海底で爆発させる。

ご承知の、魚雷に兵隊さんがまたがっている特攻兵器なんです。

それにヒントを得て造ったものでありますけれども、六艦隊がそれを使うという立場で、私、震海を見たんですよ、審査の前の日に。

パイロットにどうだって聞いたら、とてもスピードは遅いし操縦性は悪いし、とてもじゃないけど、潮流の速い狭水道の通過ってのはとても考えられんと。

私も仔細に検討しまして、これはとてものにならんぞという気がしたわけであります。

次の日、呉の工廠で審査があった時に黒島（亀人）少将が立ち会って、工廠の製作担当官が、責任者とこれを採用になったら使わなきゃならんと、六艦隊で。

私は主務参謀の関係で、この兵器はとても使いものにならんと、六艦隊としては、お断りしますってやったわけでありますが、黒島さん、烈火の如く怒って、この非常時に何をぬかすかと、国賊がっていうわけで、国賊扱いされたわけですが。

今から考えますと、特四内火艇といい、震海といい、大本営のお偉い方の着想ではありましたけれども、この苛烈な戦局に直面している実施部隊の人々を納得させるような要件は、何ひとつ具備しておりませんでした。

これらの思いつき兵器が、いかに大きな無駄を強い、戦争遂行の足を引っ張ったか想像にあまりあります。

◉「回天」を見て、特攻兵器観が変わった

鳥巣　③回天――真価を発揮できなかった水中特攻

そうこうしとるうちに、ご承知のように渾《こん》作戦が始まり、あ号作戦が始まり、サイパン島玉砕。

六艦隊はサイパンで司令部の大半が全滅すると。

もちろん南雲（忠一）長官以下、中部太平洋艦隊も。

そして潜水艦は、その十九年のわずか半年の間に、三六隻が沈没したのです。

まさに六艦隊としては、司令部はほとんど全滅。潜水艦はもう半減するというような最大の危機に直面したわけであります。

ちょうどその頃私、黒木《くろき》（博司《ひろし》・機51）中尉と仁科《にしな》（関夫《せきお》・兵71）少尉に会いまして、二人に⑥《まるろく》兵器の話を聞きました。

この⑥兵器、のちの回天になりますが、この兵器は、この二人が心血を注いで考案したものであります。

先ほどの特四内火艇とか震海なんかとは、まさに雲泥の差であります。

海軍のあれは、ランクだけでものを言うものじゃなくて、まさに命がけで魂をつぎ込んでやった兵器というものは、確かに違うというふうに私は思います。

この回天、なぜ優秀であるかというのは、これはもう日本海軍の最良の兵器、すなわち九《きゅう》三《さん》魚雷を動力としてるということにあるのであります。

私はこの九三魚雷、しかもその九三魚雷が非常にたくさん余っていると。この兵器を利用したということは、大きな意義があったというふうに思われます。

この⑥兵器は、昭和十九年二月二十六日、試作兵器として承認されまして、試作させてもらったんです。

七月に試作兵器三基が完成しまして、十九年八月一日に正式に兵器となって、回天と名付けられました。私はちょうどその回天と名付けられる十日ぐらい前に、黒木、仁科両君に会いまして、いろいろ話を聞き、また、実際の兵器を見たわけであります。

私は今までの特攻兵器に対しては、常に反対をしてまいりましたけれども、回天に関しては、全然見方を変えたわけであります。

なぜ変えたかということについて、これは後のいろいろな問題がありますので、ご説明申し上げます。

我々潜水艦乗りは、潜水艦は補給路遮断作戦に徹すべきであると、潜水艦を輸送や特攻兵器による特殊奇襲兵器などに使用すべきではないと。潜水艦は洋上で神出鬼没的に使用すべ

回天

きであると考えとったわけでありまして、そういうふうに考えとる私が、なぜ回天だけを特別扱いをしたかということについて、ちょっと説明する必要があります。

甲標的《こうひょうてき》とか、いわゆる特殊潜航艇ですね、あるいは特四内火艇、あるいは震海などは、純然たる局地奇襲兵器であります。潜水艦はその運搬艦にすぎないのであります。

ところが回天は、私は違うと見たんでありります。

大型潜水艦でありますと、最初は四基でしたが、終わり頃は六基積めるようになりました。しかもその性能から見まして、魚雷と同様に、太平洋の真っ只中で使用可であるというふうに私は考えたわけです。

従ってこの影響、訓練に訓練を重ね、洋上で使用するようになれば、まさに起死回生が可能じゃないかというふうに考えておったんであります。

◉見切り発車で出された出撃命令

鳥巣 ところが、十九年の十月中旬に、私としては寝耳に水と言っていいと思いますが、連合艦隊が命令を出して、潜水艦三隻と回天一二基による、ウルシーとパラオのコッソル水道に対する奇襲作戦が発令されました。

これはもちろん霞ヶ関（軍令部）と日吉《ひよし》（連合艦隊司令部）の二つでありますが、私に言わせると、まさに軽率であるというほかはないと思います。

当時、回天の基数も極めて少なく、まだスタートしたばかりでありまして、搭乗員の訓練も回天兵器も、それから潜水艦の準備も、まだ何ひとつ、これはもういいんだというような十分な条件では全くなかったんです。こういう状況で作戦命令を出すというのは、全く泥縄式発令という以外にはなかったのです。

その中でもっとも不都合な所は、回天は四基積めるようになっておりまして、その中心地点にある二基だけは、艦内との交通ができたのです。

回天を搭載して出撃する伊47潜

ところが側面にある二基は、艦内との交通ができないために敵前の近くまで行って、そこで潜水艦は一応浮上して、そして搭乗員を回天の中に乗せまして、それでまた潜航して、そして敵に接近していく。そしてある地点から回天を発進させるという状況であります。

もし万一、何かの都合で事故でも起こった場合は、またそこで浮上しなきゃ、回天の搭乗員を収容できないわけです。

そういう非常に危険な状態のまま、回天作戦を発令したわけです。

そういうことのために、幾度か回天や潜水艦が危機に直面したことはあるわけです。

私に言わせますと、必死必殺の特攻兵器回天使用に当たっては、発令者は神に祈る真剣な気持ちで発令すべきであり、また、発令元、実施部隊、訓練部隊、すなわち連合艦隊、それから六艦隊、大津島《おおつしま》の訓練部隊、それぞれ責任者が慎重審議して、そしてその作戦を決定するというぐらいの用意周到さが必要じゃなかったかというふうに思うんでありますが、そういうことはほとんど無視して、連合艦隊命令が下ったわけです。

◉回天の初陣を発表させなかった大本営参謀

鳥巣　こうして昭和十九年の十一月八日、回天特別攻撃隊菊水《きくすい》隊の伊の三六潜、四七潜の二隻がウルシーへ、伊の三七潜は、パラオのコッソル水道へ、大津島から出撃しました。

十一月二十日、奇襲をする予定でありましたが、その前の日に、コッソル水道に来た伊三七潜は、敵の対潜艦艇に捉まりまして撃沈されとるです。

伊の四七潜、折田《おりた》（善次《ぜんじ》・兵59）艦長の所は、予定通り二十日早朝、四基を発進された。ところが伊の三六潜のほうは、一基しか発進できなくて、あとの三基は、これはなかなか離脱ができなくて、発進できなくなりました。そのうちの一基は、そこで浮上しなきゃ収容できないわけです。

そのために伊の三六潜は、まさに万死一生を得たわけでありますけれども、もう撃沈寸前までいったのであります。

その日、ウルシーで一基の回天が環礁内に停泊中の油槽艦ミシシネワを撃沈いたしまして、これは敵に大恐慌を与えたわけでありますけれども、結局は、戦果は油槽艦一隻であります。

ところが、六艦隊も連合艦隊も大本営も、相当な戦果を挙げたんだと、それは通信の状況とか、艦長の報告、その他から、相当の戦果を挙げたというふうに考えておったわけでありますけれども、実際は一隻だけであります。

十一月三十日に伊の三六潜と伊の四七潜が帰ってまいりまして、十二月二日に旗艦筑紫丸で研究会が開かれました。

初めて特攻兵器回天の作戦をやったというわけでありますので、連合艦隊司令部、連合艦隊参謀、大本営の参謀、潜水学校の教官、その他大佐、中佐、それはたくさん集まりました。

研究会はたくさんの人々が集まるまで、その約一時間前に、日本海軍の潜水艦を実際に動かす連合艦隊、それから大本営、六艦隊、それから教育の先生方、そういう人が約一〇名ばかりが作戦室に顔をそろえたわけです。

私、主務参謀という関係で、とにかく作戦は終わったのでありますから、それの発表をやると。

神風はどんどん発表をしとったんです、もうすでに。

回天もう、こういう特攻兵器をやったんですから、私は二十年の一月一日を期して、回天特別攻撃隊菊水隊の攻撃を新聞で発表して報道してほしい、というふうに私は考えておりまして、公表してもらいたいということを発言したのでありますけれども。大本営参謀が、いや、まだその日じゃないと、見送れということでありました。

私は、すでに五人の特攻隊員が戦死しております。その遺族のことを考えますと、なぜ発表できないんですかと、敵はすでに今度の作戦は知っている。（テープ切り替え）是非知らせるべきであると、私は言ったわけなんですが。

大本営参謀が、いや、敵が知ってしまったと考えるのは早計だと、空から来たか海から来たか、火はついてないかもしれない。こういうことを大本営参謀が言うわけです。

私は、冗談じゃないと、水中から来たことが分かるか、と考えるほうがよっぽどおかしいと。すでに欧州戦線で人間魚雷が活躍していることは、周知の事実であると。すでに敵は全貌を知り、あらゆる対策を講じるであろうことを考えるべきであると。従ってこの際、一日も早く公表をすべきだと。そして作戦の転換を図るべきだというのが私の主張であったんです。

　これは戦後のことでありますけれども、戦後公表されたアメリカ戦史によりますと、水中を潜ってくる回天のことはもうその時すでに発見もしてるし、水中から来たことはもう分かっとるんで、大本営の参謀の言うことは全然なかったんです。

　それから発表は、私の主張はもちろん無視されまして、一月一日の発表は、次の金剛《こんごう》隊作戦の発表と同じ、二十年三月になりました。

　従ってこの時は、すでに日本全体が混乱しておりまして、みなさんが回天のことをほとんどご存じないのは当然じゃないかと思われるのであります。

◉第一次大戦時のチャーチルの勇断に学ぶべきだった

鳥巣　私の、菊水隊で作戦を発表してくれという私の意見は、今度のような局地奇襲の作戦を打ち切って、洋上で使用すべきであるということだったわけでありますけれども、一〇人ぐらいの人と、一〇人のうちで賛成してくれるのは、まあ、一人か二人でも賛成してくれると私は期待しとったんです。

ところが誰一人、私の意見に賛成する人はなく、私の意見は無視されたわけです。ほとんどの人は回天が洋上で魚雷と同じように使用できると考えてはいなかったのであります。

洋上では使用できんということになりますと、回天搭載の大型潜水艦は、全部局地奇襲に使用する以外にはないわけであります。

そうすると潜水艦を洋上での交通破壊戦に使用すべきであると考えておった人々も、結局、回天を採用することによって、主力潜水艦を再び局地に使用するということを容認した形になるわけでありまして、これでは結局、潜水艦を洋上で使用するということは、実現不可能ということになるわけであります。

六艦隊も参謀長も、いやあ、回天搭載潜水艦は、局地でとにかく回天を発進した後、その後洋上に出て交通破壊戦をやるしかしょうがないじゃないか。というような意見でありまして、結局、六艦隊の首脳部も、回天を洋上で使用するというようなことは、全く考えてなかったというのが実情であります。

しかし私は、これはもうそれ以外にはないと考えておりましたので、研究会終了後、大津島の回天指揮官の板倉《いたくら》（光馬《みつま》・兵61）少佐に、今後、航行襲撃が行われるかもしれんから、ひとつ襲撃の研究と訓練をやってくれということを彼には言うたわけです。

私はこの時、第一次大戦における戦車のことと、いわゆる海上輸送制度のことを、その晩思い起こしました。

戦車はご承知のようにチャーチルが、絶対の超人的な勇断によって、これを実用したものでありますけれども、この兵器の採用は、ロイド・ジョージ、チャーチルは絶対万全を期して、満を持すぐらい使っちゃいかんぞと言うておりながら、ソンムの戦闘で安易にこれを使用したのであります。

その当時、戦車の数は少なくて、まだ試験的な状態にありました。乗組員もまだ、ほとんど訓練未熟の状態だったわけです。

そういう状況で使われたために、あの戦車がほとんど戦局に大きな影響を与えなかった。もし、あれを満を持してやっておったら、戦局に大きな意義があったんじゃないかというふうに思われるわけです。

回天も私は同じようなことが言えたんじゃないかというふうに思います。

いま一つは、海上護衛といいますが、これはイギリスが大変な被害を受けて、もうにっちもさっちもいかなくなった時に、海軍省の少壮士官が、護衛制度を出したわけでありますが、これは高級将校、或いは海軍省、それから艦隊も、それからフランスもアメリカも、それから商船所有者も、みんなが反対したんです。

結局、一九一七年の一月に海軍省から公式意見が出まして、この護送制度というものはかえって（損害の）勢いを増す。従ってこれは当分採用しないということで、その海軍省の少壮士官の意見は抹殺されたのでありますけれども。

その直後に、ドイツは一九一七年二月一日から無制限潜水艦戦を始めました。

被害は激増いたしまして、毎月六〇万トン以上の商船が撃沈されるという状況になって、このまま進みますと、イギリスはその年の終わりまでには、もう降伏する以外にはないというような状況にまで立ち至ったんです。

そして遂に五月に、首相のロイド・ジョージが、たくさんの人の意見を排除して、海軍省の戦備局、少壮海軍将校の意見を入れて、船団護衛制度を採用したわけであります。

チャーチルは世界大戦史の中で、護衛制度こそイギリスを救った最大のものだというふうに絶賛しとるわけです。

この護衛制度の採用と回天の洋上作戦とは、これはもうまさに雲泥の相違ではありますけども、私は回天の偉業を成し遂げるためには、今までの作戦はもう打ち切って、満を持して放たず、とにかくじーっと我慢をして、そして最後に一発やると、もうそれ以外には手がないと。小出しにやったって、これはもうとても勝てる戦争じゃないというふうに考えとったわけであります。

◉第二次作戦失敗、戦略も戦術もなくなった司令部

鳥巣　ところがその直後に、第二次回天作戦が発令されたわけです。

結局私の意見なんか無視されまして、十九年の十二月下旬か中旬でありますけれども、第二回目の金剛隊作戦が発令、今度は大型潜水艦六隻で、五カ所の敵の基地を奇襲するという命令が出たわけです。

作戦要領は、前のウルシー、パラオと同じでありまして、私は、アメリカ海軍が戦訓を無視してる、などと期待しての作戦だったとすれば、敵を舐めるのも甚だしいし、無策無為以外の何ものでもないというふうに私は極論せざるを得ないのであります。

もちろんこの金剛隊作戦は、戦果全く不明。

しかも伊の四八潜は帰ってまいりません。

私の下のクラスから潜水艦長で出撃したのでありますが、近づいたら敵の警戒がとても厳しく、発進できる状態じゃないということを報告してます。

そうこうしとるうちに、硫黄島の攻略。ついで沖縄の攻略が始まりました。

これもすぐ潜水艦を出せということで、硫黄島では千早《ちはや》隊が編成され、三月には沖縄に対して、四隻の回天特別攻撃隊が出撃した。

これは大和が突撃したのと同じように、潜水艦もとにかく沖縄に突っ込めということで、とにかく極端なことを申し上げますと、戦術も戦略もへったくれもないというのが、大本営、連合艦隊の考えだったと私は思うんです。

従って、とにかくもう潜水艦だろうが飛行機だろうが、水上艦艇だろうが、とにかくもう沖縄へ突っ込めというわけであります。

ところが潜水艦の場合はけっしてそうではないと、私は思います。潜水艦の場合は、レーダーピケットを張り巡らせた、対潜部隊が、てぐすねひいて待っている局地、そこへ飛び込ませることは、まさに飛んで火に入る夏の虫そのものであります。

そこで伊の五八潜と伊の四七潜が、九死に一生を得て帰ってはまいりましたけれども、伊の四七潜なんかはもう瀕死の重傷を負って帰ってまいりました。

◉孤軍奮闘で勝ち取った作戦変更

鳥巣　こういう状況になりましたら、私はもう多少のインド洋での経験もありますし、それはああいう所に潜水艦を投入すれば、これはもう駄目なのは必至であることは、火を見るよりも明らかなんですよ。

そこで何とかして沖縄に潜水艦を投げ込むのをやめさせないかん。

それには連合艦隊が、またすぐ命令を出してきたら、もうどうにもならんので、連合艦隊命令の先手を打って、作戦の変更をする以外に手はないというふうに考えまして。

私は井浦《いうら》（祥二郎《しょうじろう》・兵51）先任参謀に話をして、ついで佐々木《ささき》（半九《はんく》・兵45）参謀長に、先ほど申し上げましたように、まず回天は局地に行ってこれを奇襲させて、それから場所を変えて、そして今度は洋上でやると。

そういうことができるぐらいなら、誰も苦労しないわけであります。まことに申し訳ないけど、立派な人格者である佐々木参謀長でありますけども、戦局の推移をもう、特殊潜航艇作戦なんかの指揮官をやられた佐々木参謀長でありますけども、戦局の苛烈なことは、やはりもう、少し分からなくなってきてるというんじゃないかという気がするんですよ。従って、参謀長、なかなかうんと言ってくれない。

もう一つは、三輪《みわ》（茂義《しげよし》・兵39）長官も絶対反対なんです。三輪長官に言うた所で、私の意見なんか聞いてくれることはないということで、参謀長はなかなか動かない。

そうこうしとるうちに、伊の三六潜と四七潜の準備がどんどん進んできた。もう間もなく沖縄へ突っ込まんといかんという状況に立ち入ったわけであります。

そこで私は、もう待てないというわけで参謀長に、是非ひとつ私の意見を聞いてくれんかと言うて、がんばっておりましたが、なかなか聞いてもらえなかった。

そうまで私の意見が通らなければ、私はもうこれ以上はとても務まりませんと、誰かと替えて頂きたいと言いましたら、君がそこまで言うなら、ひとつ長官に話したら。おれには手に負えんということなんですね。

そこで私は、それでは幕僚会議を開いてもらって、その場でみなさんの前で説明をさせてもらえんかと、それはいいだろうということで、幕僚会議を開いて頂きまして、その場で私説明をさせてもらったわけであります。

航空機と対潜艦艇で厳重な警戒を張り巡らせている沖縄周辺に潜水艦をつぎ込むのは、いたずらに潜水艦を墓場に投げ込むようなものであると。

こんな作戦を繰り返しておったなら、残りの潜水艦も瞬く間に全滅してしまうのではあるまいかと。

この際、潜水艦の使用海面を洋上に変更して、敵の警戒の虚を衝き、神出鬼没の妙をもって敵を攻めるべきであると。回天も魚雷も、洋上で臨機応変に潜水艦長の判断によって使用させるべきだと。

長い敵の補給路のとこだけ出血を強いることが、もっとも得策ではないかと。

利点としては、第一に、とにかく随時随所に自主的に攻撃が可能である。

第二に、敵の警戒は困難になり、被害を減少させることになる。

第三に、戦果の確認が容易になる。

第四に、敵の兵力を分散させ、その攻撃力を弱めることができる。

第五に、回天戦、魚雷戦の使い分けが自在になる。

回天は局地で使って、魚雷戦は洋上でやるって、そんな都合の良いわけにはいきませんので、どっちも洋上でやれば自在に使い分けられる。

それから第六に、空船を攻撃するようなことがない。

もちろん一番問題なのは、航行艦に対する回天の襲撃、碇泊艦襲撃に比べますと非常に困難であります。

これはもう言うまでもないわけでありますけれども、低速で、運動が比較的不自由な船団に対しては、十分成算がある。

最も重大なことは、沖縄のような局地への突入の時には、元も子もなくしてしまう危険が大事であるということ。

このことは潜水艦長も回天搭乗員も、洋上作戦を熱望してる。

私は最後に、どうか潜水艦の真価を発展させるためにも、回天搭乗員の死を無駄にしないためにも、この際、是非洋上使用に切り替えてもらいたいということを、約二カ月間大津島、光《ひかり》基地で訓練をやっとる成績を説明しながら頼んだわけです。

訓練はですね、深度さえ深くすれば、艦底通過するとか、いくらでもできますので、案外簡単にできるわけです。

長官はなかなかうんと言わなかったんでありますが、最後にやっと、まあそこまで言うなら、伊の三六潜と伊の四七潜の二隻だけはひとつやってみようと、しかし君が言うようにうまくいかなかったら、すぐまた沖縄に突っ込ませるぞ、ということで、長官もうんと言ってくれました。

そこで連合艦隊に先任参謀が連絡して了承を取り、ついで大本営に連絡を取った。

また大本営の参謀がなかなかうんと言わない、結局、私連合艦隊参謀と大本営参謀と、また議論をしたわけでありますが、結局、大本営が、こんなことをいちいち口出しするのがおかしいので、私は潜水艦作戦のことは連合艦隊の任務だと。すでに第六艦隊長官の決裁も得たし、連合艦隊司令長官も同意なんだと。

こんなことまで口を出すなということで、結局、大本営参謀も、じゃあ二隻だけしょうがないということで、しぶしぶ了承してくれたようなんであります。

◉インディアナポリス撃沈などの大戦果

鳥巣　こうして伊の四七潜と伊三六潜がウルシーと沖縄、サイパンと沖縄を結ぶ中間付近で洋上作戦をやったわけです。

幸いにして、二隻とも無事に、しかも、これは大戦果と申し上げますと潜水艦長の報告をそのまま真に受けますと、大戦果を挙げたわけであります。

伊の三六潜の場合は、私が想定しとったような敵の大船団にぶつかりまして、四基の回天を発進。約十分間の後に、四個の大爆発音を聞いておりますので、潜水艦長は四隻の商船を撃沈したと確信したのであります。

こうして五月六日の夜、ラジオ放送は、久しく聞かなかった軍艦マーチに続いて、天武隊《てんむ》の戦果を報道しております。これは、私は直接聞いたわけではありませんが、潜水艦の連中は聞いたものが何人かおるようです。

海軍省から臨時ニュースを申し上げますと、五月六日午後八時大本営発表、四月下旬以降、沖縄周辺海域に敵を求めて出動中の我が潜水艦は、敵の輸送船団並びに護衛艦に対して、壮烈果敢なる攻撃を加え、今日までの報告により判明せる戦果次の如し。

というわけで、これはおそらく潜水艦でこういう報道されたのは、初めてじゃないかというふうに思うんであります。

こうして、幸いにして成功したもんですから、それから後は、大本営や連合艦隊から何も言ってこなくて、うまくやってくれということで、我々の意見が次から次へ通ったわけであります。

しかしその後は、すでに使える潜水艦は大型が四隻、輸送潜水艦が四隻、旧式一隻、合計九隻しか残っていなかったというような哀れな状態になっておったわけです。

その後終戦まで、九隻の潜水艦が西太平洋で大いに活躍をしまして、そのうち二隻だけが被害を受けて、あと七隻は最後まで残りました。

もし沖縄でも突っ込んでおったら、おそらく全滅だったと思うんであります。

そうして最後に、インディアナポリスを撃沈したのです。

もし回天作戦開始の当時において、大本営や連合艦隊司令部が六艦隊の意見を謙虚に検討し、使用法を変えていたならば潜水艦と回天は、いま少し大きな働きを成し得たのではないか。大きな期待はできなかったかもしれないけども。

私は最初に安直とも言うべき、早期小出し作戦と、それから兵術を無視した繰り返し作戦。

これが回天の真価を発揮せずに終わった最大の原因じゃないかというふうに思うのでありまして、私はこれらのいろんなことから、大本営や連合艦隊に対して、非常な不平不満を持っとるような次第でした。

第三章

特攻と原爆の功と罪

【第三章の内容について】

本章は平成元年八月二十九日に行われた、第百十五回「海軍反省会」において議論された内容である。

『[証言録] 海軍反省会』の第十一巻に収録されている。

特攻に関する戦後の国内外の評価、非難について多くが述べられている。

「海軍反省会」のメンバーは、いわば、特攻を命じた側の人間であることが、特攻作戦に対する立場の特異さとなって表れている。

外部からの非難に対しては、海軍軍人として釈明したい気持ちが働くが、また同時に当然ながら特攻を肯定することは絶対にできないという気持ちの中で、自身を納得させる道を模索しているのである。

この中で、鳥巣建之助《とりすけんのすけ》氏は、日本の特攻と、アメリカの原爆を比較して、その日米の考え方を考察している。鳥巣氏自身、呉の潜水艦基地で原爆を見ている。ちなみに、反省会メンバーの、寺崎隆治《てらさきたかじ》氏は呉鎮守府の参謀として原爆を体験し、三井再男《みついまたお》氏は海軍の原爆開発担当者であり、呉海軍工廠の火工部長として、原爆のきのこ雲を見て、即座に原爆と判断し、ただちに被害調査をしてレポートを作成した人物である。また、小池猪一《こいけいいち》氏は、東京に転勤中被爆直後の広島を通過して、最も早く広島の惨状を海軍省に伝えた人物であった。

また、終戦間際の海軍内部の混乱も語られている。

本土決戦を主張した大西瀧治郎《おおにしたきじろう》は、「日本人二〇〇〇万人が特攻の気持ちで死ぬつもりで戦えば米軍を追い返せる」と言ったというが、理性を失っているとしか思えない。

陸軍大臣の阿南惟幾《あなみこれちか》も、「大義存すれば日本民族滅亡も厭《いと》わない」と言ったという記録も残っている。先の大戦の終戦は、軍側の思考が破綻しているとしか言いようのない状況に陥っていた中での、きわどいものだったのである。

ちなみに原爆については、戦後、戦争裁判の日本側での対応作業を行っていた豊田隈雄《とよだくまお》氏が、「東京裁判では、原爆についての発言は、法廷が干渉して、弁護側の発言を許さなかった」との証言をしていることが注目される。

◉水中特攻の主務参謀だった男が語る特攻

寺崎　今日はお手元に差し上げております、鳥巣《とりす》（建之助《けんのすけ》・兵58）さんの「特攻と原爆の功罪について」。

鳥巣　時間はだいたいどのくらい頂けますか。

寺崎　一時間半くらいだ、さらにあと若干続行して頂ければ。

鳥巣　それでは、予定の「特攻と原爆の功罪について」今から説明させて頂きますが、これはあくまで私の所信でありまして、意見はいろいろありますけれども、一応私が戦後四十年間多少研究してまいりましたことを言わせて頂きます。

私は四十四年前の終戦は、まさに天佑神助《てんゆうしんじょ》であったと確信しておりますが、もし特攻と原爆がなかったら、果たしてあのような終戦があり得たかどうか。また現在の日本の自由、平和、繁栄があり得たかということを考察するために私の所見を述べさせて頂きます。

まず最初に、特攻と原爆と私との因縁《いんねん》を少し私事にわたることがありますけれども、述べさせて頂きます。

昭和十九年の二月十七、十八日にトラックが大空襲を受けました。

そして日本海軍はまさにそれで大恐慌を起こして、いろんな点で、いよいよ決戦態勢に入ったわけですが、その一つに海軍大学校の甲種学生の繰り上げ卒業もございました。私は当時最後の海軍大学校の学生でありましたが、我々のクラスは十九年三月初めにみんな前線に行って各配置についたわけでありますが、私は大空襲の後のトラックの第六艦隊司令部に行きまして、そして水雷参謀を拝任し、そして終戦まで特攻に関する主務参謀をやりました。

その頃（昭和十九年）二月二十六日に軍務局で、これは恐らく軍務局の局長（岡敬純・兵39）が指示したようでありますが、水中特攻（兵器）回天《かいてん》の試作を始めたわけであります。まあそれが特攻のほとんど始まりだったようであります。

で、私はその後、特四（式）内火艇で、それから何回も話しましたY金物（⑨《まるきゅう》）、特殊潜航艇震海《しんかい》）、それから⑥《まるろく》、すなわち回天の主務参謀を終戦までやったわけでありますが、まあそういう関係で特攻については非常に関心の深いものであり、戦後もこれに相当長く関係してまいりました。

そういうことで特攻には相当勉強したつもりであります。

◉鳥巣建之助と原爆のかかわり

鳥巣　次は原爆でありますが、昭和二十年八月六日、私は呉《くれ》の六艦隊司令部におったわけですが、突然まさに青天《せいてん》の霹靂《へきれき》のように一トン爆弾が一〇〇メートルのところに落下したというふうに直感したんであります。

それほどの激動がありまして、すぐ窓から見ましたら何もありません。

やがて広島に大爆発が起きたのを見たんであります。

そのとき先任参謀の井浦《いうら》（祥二郎《しょうじろう》・兵51）中佐と、それから私の横に七人その原爆を見ておったわけでありますが。

井浦さんが二階の窓からこれを見ておりますが、そのときの様子を井浦さんは、巣鴨で執筆されました『潜水艦隊』（一九五三年、日本出版協同）という本の中にこういうふうに書いております。

「私はそばで見ていた鳥巣参謀のほうに向きながら、疎開《そかい》した火薬庫でも爆発したのかなあと、問わず語りのひとりごとをつぶやいた。

鳥巣参謀は深刻な表情をして、この怪奇な現象を見つめていたが、やがて『先任参謀、あれは確かに原子爆弾ですよ』こう沈痛な調子で語った。

『先任参謀、日本の運命もとうとう来るところまで来ましたね』と言いながら両手をこまねいて考えてしまった」と、まあこういうふうなことが書いてあるんですが。

私は原子爆弾だったと、果たして言ったか言わないか私は実はあんまり記憶していないんですけれども、恐らく言ったんじゃないか。

ということは、海軍大学校時代にですね、こういう話が多少耳に入っておりましたので、これはもう原子爆弾以外に考えられないと考えておったのであります。

実は私は当時家族を広島においてましして。

これは原爆の爆心から僅かに二、三〇〇メートルのところでありまして。もしそのままおれば全滅をしておったわけです。

ところが幸いに疎開を命じたために難を免れたのでありますけれども、私の家族関係はみな広島関係で、私の家内の姉や甥や姪、その他親戚のものが十数名死んでおります。

まあそういうこともあって、原爆に実は非常な関心があるわけです。最近も八月六日前後に家族と話し合ったときにですね、原爆に対する見方は非常にシビアだと。

これはもう原爆というものに対する批判は永久にあると思いますが、これに対する正確な功罪というものを我々は深刻に考えなければいかん、ということもありまして、この原稿を書いたような次第であります。

◉特攻を命じた側に対して寄せられる非難

鳥巣　約一時間でこの特攻と原爆の功罪をですね、駆け足で説明するわけでありますが、これだけを全部普通通りやりますと、二時間半くらいかかります。それで、どんどん飛ばしながらご説明申しますので、ご了承お願い申し上げます。

まず、特攻の功罪のうちの罪のほうですね、いったい特攻というものは、どういうふうな非難を受けているかと。

その主なものを申しますと、まず第一は特攻は嫌々ながらやったことが非常に多いんだ。

特攻は志願というけれど、強制も同じだと。

特攻の効果はほとんどなかったと。

こういうのがですね、特攻に対する非難の主たるものだと思います。

例えば松林《まつばやし》 宗恵《しゅうえ》監督がかつて作った『人間魚雷回天』（新東宝・一九五五年）という映画の中では、出撃前夜の特攻隊員が死にたくないと泣きながらやけ酒を飲んだシーンがあります。とにかく欣然と死んでいったものばかりじゃなかったんだと。

要するに特攻隊員は嫌々ながら死んでいったものが非常に多かったんだというような批判が多い。

それから全部志願だったと言うけれども、強制が多かったんじゃないかという意見もあります。

一番重大な問題は、特攻は無駄だと。ほとんど犬死にだと、何ら効果がなかったという最大の批判をしております。

◉隊員たちは嫌々ながら死んでいったのか

鳥巣　まあ、それらに対して私なりの批判を申し上げたいと思うのですが、命を国に捧げた特攻隊員のほとんどが、岡潔《おかきよし》博士、トインビー（Arnold Toynbee）教授の言う、小我を去る、自己中心性に打ち勝つ、すなわち愛、犠牲の精神。

別の表現をすれば、やむにやまれぬ大和魂によって身命を捧げたと見ることができるのではないか。

回天の創始者、黒木博司《くろきひろし》（機51）は、

「人など誰かかりそめに　命捨てんと望まんや　小塚原に散る露は　止むに已まれぬ　大和魂」

と歌っております。

これは安政の大獄のときの際、小塚原で刑死しました、吉田松陰が赤穂浪士の墓前に手向けた、

「かくすれば　かくなるものと知りながら　已むに已まれぬ　大和魂」

を偲びながら書いたものと推察されるのでありますが、この心境すなわち生死を超克した安心立命の境地に到達して死んでいったんじゃないかと。これが私の特攻隊員の全部とは言いませんけれども、最大の最大公約数じゃないか、というふうに私は信じておるものであります。

次は飛ばさせて頂きまして、特攻は志願か強制かを論ずれば、陸海軍でまた、特攻部隊によってまた時期によって、必ずしも一様ではないが、志願を建前としていた。しかし例外があったというのが妥当なところじゃないでしょうか。

これはいろんな議論がありまして、全部が志願だったということもできないし、全部が強制だったということはできないです。ああいう状況ではそれをあまり議論しても大したことはないんじゃないかというふうに考えております。

◉しきりに出される「特攻に効果はなかった」という研究

鳥巣　その次は、特攻論争最重要論点は、効果があったかどうかということであります。『特攻隊論』（一九七八年、たいまつ社）というのを書いた小沢《おざわ》（郁郎《いくろう》）氏は次のように主張しております。

撃沈隻数は五〇隻にものぼるが、ほとんど小物でこれらの合計トン数は正規空母一隻そこそこで、戦局に及ぼした影響はそれに足らなかった。

その証拠に特攻は敵の侵攻を食い止め得ず、ルソン、硫黄島、沖縄への侵攻を許し、占領された。要するに食い止められなかったんじゃないかと、特攻があってもという言い方ですね。

それから『ドキュメント神風』（一九八二年、時事通信社）の著者のウォーナー（Denis Warner, Peggy Warner）夫妻も同じような特攻無効論を展開しています。

「次から次へと繰り返し実施された特攻作戦は、米軍の前進を食い止めもしなければ、また止めることもできなかった。

特攻諸作戦は、日本人は非人間的な狂信者であり、彼らとの戦いでは目的や手段を正当化するという、知識不足の馬鹿げた考え方をしたのである」。まあこういうことを最終結論に書いております。

これらの特攻の罪を主張する人々の言わんとする核心は、特攻は邪道であり徒花《あだばな》であり、無意義である。極言すれば、小沢（郁郎）氏の言う、奴隷的天皇制軍隊が生んだ兵器だったというような表現で共通するのであります。

時代の風潮に迎合した思想ではなかったか、と言うことができます。

ここにはっきりさせておかねばならんことは、特攻や原爆の是非善悪よりも、この両者があの戦争にどのような影響を与え、終戦にどのように作用したかという事実をありのままに見つめる必要があるんじゃないかと考えるわけであります。

◉原爆投下は日本の降伏を早めたか

鳥巣　以上、特攻の功罪の罪のほうを簡単に申し上げましたが、それでは原爆の功の面について申し上げます。

フランク・チンノック（Frank W. Chinnock）著、『ナガサキ』（一九七一年、新人物往来社）の訳者・小山内《おさない》宏《ひろし》氏は末尾の解説文に次のように書いています。

原爆投下が日本の降伏を早めたのだという説明が日米両国側からされた。それによってさらに予想された両国の死傷者の出ることを阻止したのだとも書かれていた。

だが果たしてそれは真実であろうか。たとえ原爆を投じてなかったとしても、日本上空の制空権確保によって、無条件降伏をもたらし、かつまた上陸作戦を行わずに済むための充分な圧力をしていたであろうことは明白であったと思われる。

一切の事実の詳細調査に基づき、また日本の生き残った日本の指導者の証言も参考にした調査団は次のような見解に到達すると。

すなわちたとえ原子爆弾が投下されなかったとしても、またソ連が参戦しなかったとしても、さらにまた上陸作戦が計画されず、企てられなかったとしても、日本は一九四五年十二月三十日以前に必ず降伏したであろう。

まあこういうことを書いてですね、原爆投下につき縷々《るる》論じているわけでありますが、まあ結局原爆は落とすべきじゃなかったんだと、何も落としたからといって、戦争には影響なかったんだという言い方をしております。

◉米軍は原爆に、日本軍は特攻に、いかにしてたどりついたのか

鳥巣　実は私も最初は同じような考えをしておったわけですが、昭和三十三年五月二十五日に、東郷神社で潜水艦関係殉国者慰霊碑が建立されました。

そのときに冊子を我々作って、みなさんに配付したわけでありますが、この中に「潜水艦作戦の全貌」とか、「特殊潜航艇蛟竜《こうりゅう》の奮戦」とか、「回天を想う」、などが収録されましたが、私は「回天を想う」というのを執筆したわけです。

この中で私はこういうふうに書いております。

考えてみると、太平洋戦争は原爆と特攻という科学の両極端を行く攻撃力によって特色づけられており、両者ともあらゆる意味で最大の問題と言っている。

原子時代の開幕を知らせた米軍の原爆使用については、痛烈な批判が加えられているが、これは全く当然のことであって、九分九厘まで勝利を獲得し、日本の降伏はすでに予知できていたにもかかわらず、なぜこうした無惨きわまる兵器を使用しなければならなかったかという点に最大の問題がある。というように私は書いたわけです。

ところがこれはその後ですね、まあ原爆のことをいろいろ調べていきまして、これから申し上げるわけでありますが、これは原爆の一面しか見てないことを私は痛感しまして、忸怩《じくじ》たるものを感じているわけであります。

結局、原爆というものはそう簡単なものじゃなかった。もっと深い意味があったんだということを、これから私なりの研究を申し上げたいと思っています。

そこで原爆と特攻に関する年表を一応入れてみたわけですが、結局これがどういうふうにして、特攻と原爆と進んでいったか。

結局は原爆が落とされ、その前にポツダム宣言が発表され、八月六日に広島に原爆が落とされ、九日には長崎に原爆が落とされ、ソ連軍が満州へ進撃して、八月十日にご聖断があり、さらに八月十四日に第二回の聖断があって、ポツダム宣言を受諾して終戦になったという結果をたどったわけです。

◉ルーズベルトの命を縮めたヤルタ会談

鳥巣　そこでいよいよ本題に入るわけでありますが、チャーチル（Winston L. S. Churchill）は三月十三日、ルーズベルト（Franklin D. Roosevelt）に打電し、スターリン（Joseph

Stalin）の非道を訴えた。

ポーランドは国境を失い、自由を失えと言うのか。一大失策を犯し、ヤルタの合意を無にするやもしれん。以上の指摘をしたと。いわゆるヤルタ会談でルーズベルトと、チャーチルとスターリンが協定を結んだのに、その後スターリンがことごく約束を破っておったと。

それに対してチャーチルは非常に憤慨をして、こういう電報を打ったわけですが、ルーズベルトはこれに対して三月二十五日にスターリンへ書簡を送りました。

「ヤルタ会談が全世界に与えた事態は、今消滅しようとしている。ヤルタで充分に理解し合った以上、我々三人ならば、会談以来に生じたいかなる障害をも克服できるものと信じている。ソ連が現ワルシャワ政権の温存を主張するのは、理解に苦しむ。ワルシャワ政権を何らかの欺瞞行為によって永続しようなどという一切の解決案は受けられぬ、明らかにしなくてはいけない」

こういうことでですね、ルーズベルトとスターリンとが盛んに折衝して、この問題がルーズベルトの命を縮めた最大原因じゃないかと私は見ておるわけですが。

ヤルタで大成功したと、意気揚々として帰ってきたルーズベルトがですね、国内からの非常な非難を受け、またチャーチルからも非常なこれに対するいろいろ訴えがあるし、それからスターリンとルーズベルトがいろいろなやりとりをして陰惨な闘争をくり返すわけですが、そういう苦悩の中で結局ルーズベルトは四月十二日木曜日の午後三時五十五分に急逝したわけです。

◉アメリカ艦隊司令官の特攻に対する見方

鳥巣　まあそういう経過をたどっておるわけですが、いよいよこれから特攻というものが果たして先ほど申し上げたように無謀だったのか、何ら価値がなかったものであるかということを、これからまず特攻の功罪の功についてお話し申し上げます。

特攻の効果をほとんど認めようとしない幾人かの主張を見てきましたが、果たしてそうだったかどうか。

特攻の主体であった航空特攻につき考察をさせて頂きます。

戦果はですね、正規空母の沈没はありませんけれども、被害を受けたのが二六隻、護衛空母が二五隻、戦艦が一七隻、巡洋艦が一九隻、その他全部合わせて、四〇八隻の艦艇が大小の被害を受けているわけであります。

そしてその後沈没はしてなくても、終戦まで全然戦列に参加できなかった正規空母がたくさんあると。それから護衛空母もたくさんあると。

次にスプルーアンス（Raymond A. Spruance）第五艦隊司令長官は、どういうふうに特攻を見ておったか。

沖縄攻略の最高指揮官、第五艦隊長官スプルーアンス提督は、インディアナポリスで、次いでニューメキシコで、引き続き神風特攻隊の攻撃を受けたが、太平洋艦隊司令長官ニミッツ（Chester W. Nimitz）に次のように報告しております。

「敵の自殺的空中攻撃の試練と効果、これによって受ける我が艦艇の損失と損害から見て、これ以上の攻撃を食い止めるため、あらゆる方法を備える段階にきている。すべての飛行機で、九州及び台湾の飛行場を攻撃することを進言する」

また彼は特攻について次のように述べております。

「特攻機は極めて効果的な武器であり、我々がこれを過小評価してはならない。作戦会議にいなかったものは誰も（特攻機の）艦船に対するその潜在力を認識することはできないと思う。特攻機は航空から安全かつ効果的に爆弾を投下する我が陸軍の多くの重爆撃機とは全く反対である」

要するに特攻というものは、ただ先ほどの五〇隻しかやってないじゃないかというような簡単なものではなくて、とにかく四〇〇隻以上の艦艇が大小の被害を受けたという以上にですね、非常な心理的な影響を与えておるわけです。

「こんなに激烈な飛行機に対する飛行機、あるいは飛行機に対する船の果てしない苦闘は未だかつてなかった。短い期間にアメリカ海軍がこれほど多くの艦船を失ったことは未だかつてなかった。そしてまた陸戦でこれほど短い期間に、これほど狭い地域でこんなに多くのアメリカ兵の血が流れることはまれである」

まあこういうふうにいかに特攻というものが、連合国軍に脅威を与えたかということはですな、実際その現地におったアメリカの人でないと理解できないわけです。

◉特攻に対するアメリカのマスコミの論調

鳥巣　それもいわゆる報告がですね、アメリカ国内に伝わりまして、それがアメリカの世論となって表れたのが、次の報道であります。
「計り知れない献身さを持つ日本人を抹殺しようとすれば、さらに米国人一〇〇万人の犠牲がいるから、次の条件で日本に和平を許すべきである。もしアメリカの政策が無条件降伏に終始すれば、日本人は戦争をやめる前に多くの米英オーストラリア、中国、フィリピン、オランダの人々を殺傷するかもしれない」

またちょっと飛ばしますが、「無条件降伏の方式から逸脱しようというアメリカの提案は全く合理的であって、必ずしも対日緩和を意味しない。アメリカの提案は日本がアメリカとの友好関係をもたらした明治天皇の政策に返ることを条件として、天皇を在位させようとするものである。天皇の力を借りなければ、熱狂的に戦う日本軍人は連合国にさらに効果な犠牲を強いるであろう」。

このほかアメリカの新聞は全部じゃないと思いますけれども、とにかく日本にあまり無理なことを言うな、早くとにかく戦争を終わらせるようにするためには、無条件降伏なんか言うなと、それから天皇制を抹殺するなんてことは絶対言っちゃいかんぞ、というような論調が出ているわけです。

こういう論調を起こさせた大きな原因に特攻があったということは、これは否定することはできないと私は考えております。

◉もしも原爆投下がなかったら日本はどうなったか

鳥巣　（テープ切り替え・原爆開発経緯などの一般的内容の読み上げ部分は省略）

さて、最後に原爆の功につき考えてみましょう。

原爆の威力はトルーマン（Harry S. Truman）、チャーチルなどに絶大な自信を与え、世界正義、とくに対ソ政策に大転換をもたらし、ポツダム宣言を決断する最強の支柱となった。スターリンの横暴に対する抑制力となったと推察される。

天皇の終戦決議の重大な動機となった。日本陸海軍への終戦の理由となった。

ではもし、出現しなかったか、（出現が）遅れていたら、どんな結果になっていたでありましょうか。

ポツダム宣言は発せられず、戦争はさらに続いていたかもしれません。するとマリアナ、沖縄からの空爆は日本全土の大中小都市を壊滅したでしょう。

米英海軍による海上封鎖、砲爆撃、機雷敷設などで、日本の陸海の交通は寸断されるでありましょう。

そして日本の経済も国民生活も完全に崩壊したでありましょう。

一九四五年十一月一日のオリンピック作戦で日本は敗れ、九州は占領されたでありましょう。

その間ソ連軍は北海道に上陸し、易々として占領したでありましょう。

このような状況で日本は無条件降伏をやむなきに至るでありましょうが、数百万の戦死傷者、そしてそれ以上の餓死者を出し、日本は連合国の計画による四分割の占領となり、おそらく天皇制保持も不可能になっていたに違いないと思います。

それはまさに日本国の滅亡を意味します。

このように見てきますと、八月十五日の終戦はまさに天佑神助であったというのは決して過言ではないと思うのであります。

それの大きな理由になったのが、特攻であり原爆であったというふうに思うのであります。

◉昭和天皇の大御心

鳥巣　最後でありますが、昭和天皇が昭和三十五年五月十七日、ユージン・ホフマン・ドーマン（Eugene H. Dooman）に勲二等旭日重光章を贈られました。

またジョセフ・グルー（Joseph C. Grew）には同年九月二十九日、勲一等旭日大綬章が贈られました。

このときは日米修好百年を記念して渡米された皇太子ご夫妻、現今上天皇陛下及び皇后陛下が、わざわざ持参されたのであります。

私は、昭和天皇のアメリカに対する相互報恩感謝の大御心《おおみこころ》がひしひしと感じられるのでありまして、私はこの天佑神助とも言うべき終戦というのは日本だけの力じゃなくて、アメリカの絶大な力、とくにグルー、ドーマンという親日家のおかげが非常に大きかったと。しかもこの二人は日本の皇室に対して非常な尊敬を持っておった。

そういうふうに考えてみますと、日本のいわゆる国体、天皇家というものがいかに日本を救ったのかということを私は痛切に感じるものでありまして、この特攻もやはりそうである、というふうに感じるのでありまして、日本の国体というものがいかに有り難いものであるかということがこの論文を書きながら痛切に感じたような次第であります。

以上であります。終わり。

◉「皇室の存続は国民が決めることだ」と言った昭和天皇

【質疑応答】

寺崎　大変ご熱心な論文だと思いますが、特攻と原爆の功罪についてご説明を承りました。本件に関して何か。質疑等ありましたら、お伺いしたいと思いますが。

この問題の中にアメリカのトルーマン大統領とか、スチムソン（Henry L. Stimson）とかいろいろ関係者が非常に多いと思いますけれど。何か一つ。

大井　あのね私、特攻のことなんですけれども。

私は終戦後にGHQで終戦史を研究したとき分からなかったんですが。その後に東郷《とうごう》（茂徳《しげのり》）さん、巣鴨におられて、私いろんな（ことを）聞いたとき、その話されなかったんですが、それで知らなかったんですが、あとで本が出てから見ますと、向こうの回答が来た日ですね。

そのときね、日本では天皇陛下もみな降伏を、バーンズ（James F. Byrnes）の回答を、それに天皇の存続は、天皇制って言うと悪いかもしれませんが、天皇の退位をどうとかこうとかするっていうことは、やっぱり日本国民の意思によって決定するということを、あのような（形で）きたもんですから。

ここでその、その解釈が二つに分かれたんですね。

継戦派が戦争を継続しようと言うのも、これは天皇制を保証しないんじゃないかと（考えたため）。

それから戦争を終わるっていうほうは、これは天皇陛下ご自身が言われてここにも書いてありますが、木戸《きど》（幸一《こういち》）さんが私によく巣鴨で言っておられた。私も非常に感激したんですが。

天皇陛下が、恐らく今議論しているのは国民の自由に表明されたる意思によって日本の最後の国体っていうか、政治の体制は決定されるということを、要するに天皇の今のような、皇室の存続を許すか許さんかということはそれによって、決せられるんだと、国民の意思によって自由に表現されたほうがいいと盛んに書いてある。その点のことがおそらく議論でこんなにもつれているんだろうが、自分はこれでいいと思うと。

国民がもし、外国が天皇制を、皇室を許すと言っても国民が許さないと言うなら何にもならんじゃないかと。国民が自由な意思表明された意思で存続するということになって初めて、一番力強いんじゃないかというようなことを、涙を流すようにして言われたんです。

◉大西瀧治郎の「二〇〇〇万人特攻」発言

大井　このことがあったあとでその晩なんですが、大西瀧治郎《おおにしたきじろう》（兵40）さんがね、夜九時頃だったらしいんですが、梅津《うめづ》（美治郎《よしじろう》・士15）参謀総長と豊田副武《とよだそえむ》（兵33）軍令部総長と、それが、この問題はまだ二人は不満なんですね、まだ。連合国の回答は、これはおかしいと。

前にその日の朝に天皇に上奏して、（天皇陛下から）そんなものは外交文書の解釈っていうものは外務省でやるもんであって、統帥部がそれをかれこれ言うのはおかしいんじゃないかと、けんもほろろに梅津（美治郎・士15）さんと豊田（副武・兵33）さんが上奏したときは追い返されたんですよ。

しかし両総長は不満で、その晩に東郷（茂徳）さんに来てもらって、総理官邸で三人話をしているときにそこに、大西瀧治郎（兵40）さんが来ましてね。

それで日本人国民二〇〇〇万人が特攻になるつもりだから戦は勝てるんだ。勝てるんだから、天皇陛下にそれを申し上げてくれと（言った）。

実は天皇陛下は、戦は勝てないということで終戦を決定されたんだろうが、自分はいろいろ計算してみるっていうと、二〇〇〇万が特攻で死ぬつもりで、国民を犠牲にするつもりなら、追い返せるからそういうふうにしてもらいたいと。

そのお話を高松宮《たかまつのみや》（宣仁《のぶひと》親王・兵52）殿下に会って申し上げたら、高松宮（宣仁親王・兵52）から陛下は軍のあれ（上奏）を信用しておられないと。何をみな殺しみたいなこと言っておるかと怒られたらしい。

その怒られましたが、これは総長からもう一度申し上げてくれませんかと。こう言ったら、さすがに豊田（副武・兵33）さんも梅津（美治郎・士15）さんもだまっておったらしいですよ。

そうしたらこの、東郷（茂徳）さんが書いた本（『時代の一面』一九五二年、改造社）なんですね。東郷（茂徳）さんに言ってね、外務大臣はどう思いますかと。こう言ったんで、外務大臣はそんなことしたって駄目でしょうっていうようなことを言って、自分で用事があって、外務省に帰った。

◉「特攻で死んだ人」と「特攻をやらせた者」の精神の相違

大井　（テープ切り替え）

特攻の問題について言えば、特攻の効果っていうのは、大西（瀧治郎・兵40）さんは非常に高く買っておったと思うんです。

そのへんのところはね、あなた（鳥巣）の言われた特攻の効果というものはそういうふうにして、要するに大西（瀧治郎・兵40）さんとあなたの考え方だとすると、そのへんのところのあなたの特攻のバリュー（価値）についてね、しかとどういうような感じですか。

鳥巣　私はね、特攻はねこれは邪道であり、やるべきじゃなかったと。

これをやったことは、特攻で死んでいった人じゃなくて、こういうことをやるような戦争をやったこと自体が間違っておるし、もっと前に戦争をやめておれば特攻なんてやらなくて済んだんです。

特攻をね、やるようにしたということは、あくまで上の者の責任なんであって、だから特攻というものは、戦争でね特攻なんてやることはこれは駄目なんだ。

しかし特攻で死んでいって、国に捧げたあの若者たちのあの精神というものはね、これはもう（尊い）。

しかしだからと言ってあれをですね、終戦後日本の本土を救うときにまで、これをやって勝とうなんていうような考え方っていうのはこれはとんでもない話であってね、大西（瀧治郎・兵40）さんなんかの考え方がね、これは私は大きな間違いであったと。

しかし私は沖縄までのあの特攻で、あれが日本人はとことんまでやるんだという、いざとなるとどこまでやるか分からんから、これはもう早く戦争を終わらせないかんという引き金になったということであって、あれまでの歴史をずっと忠実に見ていった場合に、特攻が、こういう効果があったというのであって、だから特攻を推奨して、あるいは特攻が戦争に勝てるなんてことは全然思っていません。

だから大西（瀧治郎・兵40）さんのあの時点においてそういうことを言うのはね、あれはもう大西（瀧治郎・兵40）さんがおかしいと、もう狂ってると私は思っていますね。

大井　どうもしかしね、河辺《かわべ》（虎四郎《とらしろう》・士24）さんもね、GHQにおったんですよ。

それで（終戦の経緯を）自分で書いてね、君の書いている終戦のことは少しおかしいから、これでもって書けと自分で書いた四〇枚ばかりの原稿を私に渡したんですが、それを今、持っていればよかったんですが、どっかへ焼いちゃったんです、あんまり馬鹿臭くて。

それで、それないんですけれど、それ読んだときのあれ（印象）だとか、あの人の『市ヶ谷台から市ヶ谷台へ』（一九六二年、時事通信社）、回想録が書いてあります。

私（大井）のこと暗に名前は書いてありませんけれどもね。非難して書いておって、あの人もね戦を続けておれば、特攻っていうことは言わんけれども、本土作戦をやれば、特攻になりますが、日本人全体がこれをやってくれれば勝てたんだというようなことがそこに書いてあったんです。

◉なぜソ連に停戦の仲介を頼もうなどという発想ができるのか

鳥巣 いやーそれはねえ。

陸軍の少し勉強していきますとね、陸軍の状況判断っていうのはすべて間違っていますね。

で、河辺（虎四郎・士24）さんが参謀次長ですな。参謀次長でね、河辺（虎四郎・士24）さんと、服部卓四郎《はっとりたくしろう》（士34）ですね。作戦課長は当時。

大井 いやあのときはね、服部（卓四郎・士34）さんはね、支那に行っている。あのときは天野（正一・士32）かな、宮崎（周一・士28）さんが（参謀本部）一部長で。

鳥巣 東郷（茂徳）さんのところに行ってですな、とにかくソ連に仲介を頼めと、そして相当なものをやってもいいじゃないかと、あの有末（精三・士29）と二人が言ってるでしょ。それはね、結局ソ連をあまりにも知らなさすぎるんですよね、そしてソ連が、どんどん大軍が日本に来ているわけですから。

そうして、しかもソ連はもうすでに条約をあれ（破棄）しているわけだから。

そういうことを頼もうなんていうことをね、考える状況判断がね、あれがもしもっと他のところへね、停戦を頼んでおったら、もうちょっとうまくいったんじゃないかと。

その間の約二カ月間の空白っていうものがね、結局私非常に大きな無駄をしていると思う。だからその陸軍の参謀本部なんか、何を考えておったかと。あきれかえってしまうんですよね。

◉富岡定俊から聞いた荒唐無稽な終戦論

大井　実はね、これに関連しますけれど。富岡《とみおか》（定俊《さだとし》・兵45）さんもね、こう言われましたよ。アメリカ軍が支那本土に上陸するだろうと、ソ連はこう来るだろうと、そして支那本土というか、満州の辺でね、米ソ戦争を、こういうものを始めるように、日本も仕向けりゃうまくいったと、こういうこと言うんです。

そうすれば、両方ともに倒れるかもしれない。日本はあれ（漁夫の利を）するんだと。ということをこれは五月頃（一九四五年）でしたかな。富岡（定俊・兵45）さんが本気で言ってましたよ。

それですからね、こういう話は海軍の中にもあったんじゃないかと。私はそんなにうまくいくなら結構な話だなって言った覚えがあるんですよ。

鳥巣　その点でですね、軍令部はですね。日本は勝てるという文章を書いているわけです。そのことについては千早（正隆・兵58）が非常に詳しいんですがね、千早（正隆・兵58）とね、宮崎（勇・兵58）が当時軍令部にいましてね、二人で大激論しているわけですよ。

そういうね、当時の軍令部の考え方ね、もう大西（瀧治郎・兵40）さん初めね、もうとんでもない考え方をしておったというように私は思うんですがね。おかしいですよ。

大井　それから海軍省の末沢（慶政・兵48）さん。あれがロシアの武官と非常に仲良く行ったり来たりしているんですね。

五月、六月頃（一九四五年）にロシアの武官と仲良くして巡洋艦をやるとかね。ロシアと仲良くすることをやっているわけです。

それでこれやっぱり一貫したことなんですね。今の富岡（定俊・兵45）さんのとか、このへんのところがね。

◉日本は結局、最後は食糧難で降伏しただろう

もう一つね、まああんまり時間がありませんから、私はね、アメリカから（戦略）爆撃調

査団来ましたね。

あのとき盛んに聞かれましたのはね、私は海上護衛やっておったもんだから、海上護衛だけで日本はいつ負けるかって、こういうこと言われたわけ。

海上護衛で、ここに十二月までもたなかったろうと書いてありますね。確か私が言ったことを参考にしたんだろうと思います。

というのは、その年の五月でしたかな。あのときに戦力会議というのがあったんです。保科（善四郎・兵41）さんも行っておられたかもしれませんが、こういう軍務局長とか局長クラスの人が集まって、私は参謀長代理で行ったんです。

そのときにね、日本ではね、これ大蔵省の、職員の見地から十二月までには恐らくもたないであろうということを言っておられた。

十二月になると人間にやる食塩もない。食べ物はもちろんずっとなくなっておりました。これは鈴木（貫太郎・兵14）さんも言っておられますが、七月二日の閣議のときに二合一勺にするって言ったんですね、食糧を。

その二合一勺も本当の米なんかあんまりなくて、一勺に相当する部分をカロリー計算にして。それだけにすると石黒（忠篤）農林大臣が言ったら、それはちょっと待ってくれ、それじゃ国内がとてももたないと。石黒（忠篤）さんがそこまで言うなら日本の国内に反乱が起きると。食糧がなくて反乱が起きると。

何度もそれはちょっと待ってくれって言ったのが、鈴木（貫太郎・兵14）さんの頭にはソ連との交渉で妥結するっていう頭があったから、それはちょっと待ってくれって言っている間に、ポツダム宣言とかなんとかってなってきたんですが。

あの頃のやつから見ると、どうも海上護衛自体の食糧自体の中の問題で、恐らく軍事関係でなくて国内で何か起きたんじゃないかと思ってますが、そのへんの研究のところですね（必要ではないか）。

あなたは原爆一つをぱーっと大きく持ってきていますが、向こうの人はまだ日本ではあのときに、都市爆撃をやったけれど、鉄橋だとか鉄道だとか道路の破壊はまだしていないんですね。

道路でもみんな破壊されたらね、東京なんか全然食糧来ませんよ。

それで食糧は至るところに欠乏しましてね、あのときまだ国内交通あるから良かったけれど、海上交通は全部駄目でしょ。国内の北海道からものを持って来られない。これ茨城県から東京持って来られない状況になりますからね。

　こんなことがあったら恐らくどんな暴乱が起きるか分からんていう状況に私はなったようにも思うんですがね。

　それから原爆がなくてもね、あのままやっておったら、私は日本はね十二月三十一日前にはあれ（降伏する）しないと、というようなことを私実は喋ったんですがね、そのへんのところのウエイトですがね。あなたは非常に原爆にウエイトを置いておられますけれども、まあとにかく（終戦が）あまりに遅れましたよね。

　私から言えば。海上護衛なんか本当にもう、あんなによく戦したもんだとつくづくそう思うんですが。

鳥巣　あの史実をね、ありのままにあのとき原爆をしてあそこで終わったんだと。

　もし原爆がなければですな、もうちょっと続いたであろうと、続いて恐らく手を上げた（降参した）だろうと。

　その間にですな、八月から十二月、オリンピック作戦が始まるまでの間ですね、数カ月の間に道路も中小都市もすべて、機雷の敷設もやり、すべての陸海の交通は駄目になるだろうと、食糧は全然取れなくなるだろう。もうとにかく日本全体があれ（降伏）して、これはもう原爆がなくてもね、手を挙げざるを得なくなっているだろうと。
しかしそうなってからでは収拾つかないと、その数カ月前に原爆が落ちたから、あのような天佑神助と言える終戦に行ったんだというのが私の論なんですよ。

◉アメリカ人が言う原爆投下の言い訳

寺崎　その他、内田（一臣・兵63）さん。

内田　アメリカ人の書いたいろんなメモあるんですね。どうせあとで修正したりなんかしていますからね。なんか自分に都合の良いようにメイキングしているような、議論をそういうふうに引っ張っていったところがあるんじゃないかという、まあその感じを受けるわけですけれども。

例えばレーヒー（William D. Leahy）が書いてありますように、確か、こんな軍隊やら民衆やら一緒くたにして殺戮《さつりく》するようなものは、兵器と言うべきものではないんだという、モラルの点からね。彼自身もそういうふうに思ったわけですね。

これは今も現在の問題でもあるわけですけれども、私はやっぱりそうじゃないかと思うんです。

四十何年経ってもやっぱり人が呻吟《しんぎん》しなきゃならないようなものは兵器としてやっぱり使うべきじゃないという、人類の大原則のようなものは、やっぱり私は立てとかんといかんのじゃないかという気が、すごくするんですけれども。

しかし、使われてしまった結果こういう功もあったと。罪ばかりじゃなかったということは、これはもちろんあるわけですけれども。

それからもう一つはですね、早く戦争をやめさせるための使い方ですね。広島に落とさなくてもいいじゃないかという感じが実はするわけです。

要するにあれは作っちゃったもんだから、科学者がそれを早く試したいという気持ちが非常に早く先に立ちましてね。いろんな理屈をつけて、そして広島に落とした。人類を殺したいんだと。

しかしそうではないんであって、例えば瀬戸内海の真ん中に落としますと、大きなクレーターができましてね、瀬戸内海が変わってしまうと思うんです。

要するに威力を見せつければいいならば、何も人類をモルモットにせんでも。あるいはそのどっか山の上でもいいですし、水の中でもいいですし。こんなものあるんだぞ、と言うだけで実は充分なんであって、人類を相手にするというのはですね、やはり適当でないんじゃないかという感じがする。要するに使い方です。

鳥巣　その点はね、もうアメリカの科学者と政治家、軍人の間でですね、いろんな議論があってですな。

結果、広島に落としたわけなんですが、それは例えば島に落として威力を見せればいいんじゃないかとか、いろんな意見があるわけですよ。あったけれども結局ああなったと。そういうふうになったのは事実であったですな。で結局広島に落としたと。

それまでにはそういう異論があったと。で、使ったほうがいいか使わんがいいか。そして長崎に落とすのが三日後ですよね。

あれはね、本当は一つだけでその間に落としたらすぐ終戦をね、日本から言い出してくれば、何も落としたくなかったけれど、まあそれでも何もしないから落としたということと、それからソ連の問題もあるわけですよ。

それとね、ポツダム宣言をあれ（通告）してから、相当長い間待っておったわけです。待てど暮らせども黙殺であって、あそこで結局日本は戦うんだと。もうここまで来たらしょうがないから原爆を落とすと、何も好きこのんで落としたわけじゃない。

だから私はね、あの原爆を防ぎ得た手はですな、アメリカじゃなくて日本にあったと。

もし日本の陸海軍がもうここまで来たらとても勝てる見込みないんだと、だから陛下のご意思にしたがって、あの（原爆投下）前にですな、向こうのポツダム宣言を受諾しておれば、原爆の洗礼は受けなくて済んだわけですよ。

ところが日本がもたもたしているもんだから、結局は原爆にやられることになった。だから原爆の原因はアメリカじゃなくて日本であるんだというのが私の説なんです。

◉原爆投下がなければ終戦にならなかったのか

鳥巣　それとね、もう一つですな、もしそれじゃその前に終戦ができたかということをですな（考えてみると）。

陸軍はあの条件でクーデターが起こる、陸軍大臣を殺すと。結局は鈴木（貫太郎・兵14）内閣は倒れると。そうすれば結局、終戦は絶対できなくなってしまうと。結局、一億玉砕の上陸作戦にならざるを得ないと。

そういうことを総合的に考えていった場合にですな、私はこういうふうに考えますと。これはあくまで私の所論であってですな、何もこれをみなさんに押しつけるわけじゃないから。内田（一臣・兵63）さんは内田（一臣・兵63）さんの考え方、みなさん方の考え方。したがってこれに対してはいろいろご異論もあるだろうけれど。

私のはね、先ほども最初申し上げたように、私の家内が広島で、親戚全員やられたということもあってですね、あれと同じようなね、原爆は何のかんの言ったってけしからん、というあれだから私はこういうこともいろいろ考えたうえにですね、それならばアメリカはどういうふうになっておったかと。

アメリカは犠牲者をどういうふうに考えておったかということをね、やはりこれは詳しく書いてですな。言わなければみなさんなかなか納得してくれないんじゃないだろうかと思って書いたわけなんですが、それでも分からん人は分からんと。これは必要ないとかね。

内田　いやアメリカもですね、戦争中かっかときているわけですから、今我々が考えているような、良い判断はできないわけですけれどもね。

後から考えてみれば、もう少し冷静な、例えば講和のしかたでも、ポツダム宣言のあれにしましてもね、原爆があるんだということを匂わすような方法もあったでしょうし、いろんなもう一回念を押すとかですね。もう少し辛抱強い日本へのアプローチもあったかもしらんしですね。

それは後から考えれば、知恵があれば、しかしアメリカはそういう知恵がなかったという判断批判もできようではないかという、あの反対ではありませんで、他のチョイスがあったような気がするというだけのことを申し上げているわけです。

◉ポツダム宣言の言外の意味を察知された天皇陛下

鳥巣　私はね、スティムソンとかあるいはグルーとか、ドーマンとか、それからトルーマン大統領とかああいう人たちの書いたものを読んでみたり、いろいろしてですな、私はやはりアメリカというのは立派だと、紳士がおったと。

要するにね、為政者はね。本当に紳士だったと。あの人たちがおったからこそ、あれで済んだと。

あれがもしもソ連だったらこれは大変ですな。

またアメリカでもね、もしトルーマンでなくて、ルーズベルトが生きておったらね、もっとひどかっただろうと私は思うんです。

だからそういうことをいろいろ考えた挙げ句の果てに、私はね、あの終戦は天佑神助だったというふうに私は確信しておるわけ。

だけど、もっといい方法があったと、言われればそうかもしれませんが、しかし一体もっといい方法はどうだったかということに対しては具体的にですな、こうやったほうが良かったんだと。しかしそれにはいろんな仮定がね、出てこなきゃいかんわけですが、日本人はね、もうちょっとやっぱり素直にアメリカの良いところは良いと、悪いところありますけれど、それを見てですな。そしてやはり悪意、善意と解釈するか公正な判断をするか、ということによって歴史は全部変わってきますからね。

だから私はね、相手を正当に判断すると。悪に解釈されては、これは曲がった歴史になるし、あんまり善意に解釈すると甘くなりますよね。その判断というのがやっぱり歴史家には非常に重大な問題じゃないかと思うんです。

私はグルーなりドーマンがね、日本で十何年、とくにドーマンはですね、日本におって、しかも日本人以上に日本を愛しておった。

彼が、ポツダム宣言のあの原文はですね、ドーマンが書いたわけですよ、骨子は。まあ多少直したと思いますけれども。

そしてあれに天皇制を残すとか、そういうことを書けばそれは通らんでしょうな。だからああいうふうに、じっくり読んでみるとですね、天皇制を残すというあれ（意図）が必ずあるわけですね。

それを本当に理解して読まれたのが天皇陛下なんです。だから天皇陛下はですな、国民の意思によって政体を変えるんだと言われたことをですね、陛下はちゃんとよく読んでいるわけです。ところが参謀本部とか軍令部の連中はですな、それを疑心暗鬼で読むもんだから、物事が間違っていくわけですな。

そういう点はやはり正当に歴史を理解する手段じゃないかというように私は思うんです。

●東京裁判では原爆投下に触れることは禁じられていた

寺崎　その他。

豊田　あの、東京裁判でもこの問題は一つの大きな、日本側の弁護側の主張する問題として、一応研究されたわけなんですが、連合国側としては、この問題は厳に日本側から触れさせることを禁止して、何も言わさなかったんです。

僅《わず》かにブレイクニー（Ben B. Blakeney）っていう、なかなかやり手のアメリカ人の弁護人がいろいろねばりまして、ごく若干の議論を法廷でするにとどまっておりますが。

最後のパール（Radhabinod Pal）博士の判決書には、これは原爆の問題は法廷が干渉して、全く弁護側に物を言わせなかったが、この問題は第二次大戦におけるヒトラー（Adolf Hitler）以上の問題であるということを、パール博士は書いておられます。
それからブレイクニーがその主張しましたのは、あれだけの非人道的な兵器を使って、あんなむごいことをやったならば、日本だってそれに対する報復の外交の条約上の権利があるということを主張したら裁判長は、それは原爆を落としたのは一番最後の段階じゃないかと、それからすぐ日本は一週間くらいで終戦になったじゃないかということを言いましたら、さらにブレイクニーがその終戦直前の一週間の出来事のために、戦争裁判に採られておるものも相当あるんだということを言いましたら、それには裁判長も困りまして、それではその間に起こっている事件については日本側の報復の手段の権利を認めてもいいということをそこまで突っ込んで言いましたが、それ以上には全く触れさせなかったというのが実情であります。

◉終戦にはむしろアメリカのほうが熱心だった

寺崎　その他意見ありませんか。

扇　ちょっと、今お話伺って、アメリカ側と日本側の戦をやめようという意欲の動きっていうのを非常にはっきり私は感じたんですが、むしろ日本側よりもアメリカのほうが切実に終戦に持っていきたいという、これが一つの体制的な上層部の一致した見解としてこう、流れておるということを着目しなきゃならんと。

日本側ではこの間に春頃から陰では動いていているんです。

例えばスイスの藤村（義朗・兵55）君がやったダレス（Allen W. Dulles）工作。それからスウェーデンで療養しておったグスタフ五世（Gustaf V）を中心にした一つの和平斡旋《あっせん》、これも具体的にこう動いていた。

そういう点はありますけれども、政府として、あるいは上層部の指導層として固まった一つの動きというのは出ていないですな。

和平工作的な、こうやって陸軍をいかにして説得するかというようなことを裏でやっておられるだけであって、政府機関が一致した見解をそういうときに持っていない。

むしろそれは逆であって、軍部が無理矢理に引っ張っていくというだけの動きであって、シビリアンとしての総理を中心にした動きっていうのは軍部に調子を合わせたようにしながらこうだんだん引っ張っていこうという、鈴木（貫太郎・兵14）総理のそういう下心によって動いていったのであって、表立ってこれを、大げさに言えばルール決定とか何とかいうことで和平に持っていこうというようなことはおくびにも出なかった。

それで日米の両方の対等、向かい合っておる権力指導層がですな、熱をあげてそういう方向に向かっていくという強さにおいてはアメリカのほうが遥かにある。

つまりは先ほども出ました一〇〇万人の壮丁《そうてい》を助けると、一〇〇万人を助けなくちゃならんという、アメリカにはアメリカの内部的な強い圧力が国内的にはあったわけです。

それが日本人はそうじゃなくて逆なんですからな。そこらが非常に検討の対象になるわけです。

まあそれと今の、原爆がだんだんできそうになっていくあれ（経緯）と、日本側の動きを見ますっていうと、そこに戦の推移を両方を見ながら一つの見方だと思いますね。

◉アメリカ国内でも真剣に議論されていた終戦

豊田　あの、今、扇《おうぎ》（一登《かずと》・兵51）さんが言われたのに関連して。
私ども、ドイツの終戦後、七月の中旬にアメリカに連れて行かれたわけですが、日本の終戦の約一月前、今、扇（一登・兵51）さんの言われたことに関連して、アメリカとしても少しでも早く日本を降伏に持っていきたいという気持ちが、非常にアメリカの政治上、非常に大きな要求として表れておったと思います。

それはですね、私どもアメリカに着いてからもいろいろ、日本はどうやったら一番簡単に早く手を上げるかということを、我々を通じてそういう情報を得ようということを非常に心がけておったことが、我々にも、向こうの報道、動作、言動の中に直接強く響いてくるものがありました。

というのは、日独同盟でやっていますが、ご承知のようにほとんど七分以上の力を、ドイツをやっつけるということに割《さ》いて、日本なんか枝葉を見たように考えておったわけですが、その一番主敵であったところのヨーロッパのドイツをやっと片付けてですね、そこでアメリカの青年の兵隊さんっていうのはヨーロッパの戦でくたびれ果ててですね、我々と一緒に復員船で乗せられて帰った。

その帰る途中でも、先生方からその気持ちがよく受け取られるような言動があったわけです。先生方の言うには、我々はやっと一番主敵のドイツを長い間かかってやっとやっつけてですね、腰を落としてしまってやれやれっていうことで今帰ってくるのに、まだ日本は島伝いの、ヨーロッパの大陸の戦争とはまた一段と厳しい玉砕の戦にですね、また帰ったらそのまま家庭に着けずに、まっすぐ太平洋の戦場に送られてしまうんじゃないかということを、先生方は非常に心配し、そういう線から日本を非常に恨んでいた。

だから我々に大使はじめ、非常に兵隊さんが船の中でいたずらや悪口を言うし、どうかするっていうと何か事件でも起こるんじゃないかというような、険悪な空気でありました。で、私どもがアメリカに着いてからも我々を盾にして、いかにして日本に早く手を上げさせるかということを真剣に考えておった、当時も我々もひしひしと伝わってまいりました。それだけです。

◉海軍上層部が考えていた終戦のあり方

寺崎　だいたい詳細なる報告、状況でいろいろ教訓になること多々あり、各自いろいろな面からそれに対して貴重な資料として活用されると思います。

最後に軍務局長をやっておられた、原爆あるいは特攻の活動期なんですが、保科《ほしな》（善四《ぜんし》郎《ろう》・兵41）閣下に一つご意見を。

保科　みなさんのご意見を拝聴いたしました。

まあ、寺崎（隆治・兵50）君が言われました通り、私は大臣を助けていかにして日本がすいすい行けるようにと同時に各国との関係を充分に見て、そして自分たちだけでいいということがないように、こういうようなことで非常に消耗をいたしました。

最も大事なのは日本が生成、立ち上がることができるようにする、これが一番大事。我を通しても、立ち上がるものがみんな叩き壊されてしまったのでは、本当の対策にはならない。そこでできるだけ早く日本が立ち上がることができる状態で、いわゆる戦いをうまく持っていくということが大切であると。

こういうのがだいたい海軍の、まあ海軍にもいろいろございましたけれど、だいたいの本流はそういうことで、一日も早く立ち上がることができる状態のもとに、結（講和）を結んだほうがよろしいと。

そういう条件は何か。

だいたい国体は変えてはいけないと、長い間日本が天皇制をやって、そして発展してきたんだから、この建前は、これは変えてはいけないと。

それから立ち上がることができるような状態で結（講和）を結ぶということにするとなると、なるべく早いほうがよろしいと。

まだ原爆がどれだけあるかというようなことはまだ、広島や長崎に原爆を落とされた後も、いったいアメリカがどういう考えを持つかっていうことがはっきりと分かっておりませんでした。

ただ、アメリカのほうも上陸作戦をやれば大変な損害が、一〇〇万の将兵を犠牲にせなきゃいかんというように考えておるということもこれはその頃やっぱり分かっております。そういう諸般の情勢を頭に入れて、そしてとにかく原爆を落とされ、これから将来またやるかもしれない。上陸作戦をやられれば、こちらも相当な（損害）。それから日本が立ち上がっていくには相当な機械とか、そういうものね、そういうものが使えるような状態でやっぱり結（講和）を結ぶ。元も子もなくなってやるのでは時間がかかってうまくいかない。そういうことが海軍の上層部では非常に強く考えておられました。

◉ポツダム宣言受諾決定の真相

保科　そういうことから、やはり陸軍のほうはどこまでもやろうと言うんですね。

そういうことであり、そしてポツダム宣言を受けるか受けないかっていうことについては、とにかくそういう観点から言うと、国体を護持して、そしていろんな、立ち上がることができるような状況に、機械とかそういうものを保持して。人の関係もそう。そういうことをするということと、やはりこの際ポツダム宣言を受けたほうがよろしいと。

それではどういう条件で受けるかということになりますが。これはやっぱり陸軍と海軍がそれぞれ違うところがあるから、ここにやったらなかなかうまくいかない。

そこで多数決という問題も手段としては出ました。多数決をやるというと、陸軍のほうは強い。

そこでどうしてもご聖断を仰ぐという、陛下に総理から申し上げてそしてこういう状況であるということを言って、最後にご聖断に持っていくというそういう結論になりまして、鈴木（貫太郎・兵14）総理がああいう態度を取られたっていうこと。

これは結果から見て、あの時期にアメリカの上陸を許してそしてお互いに喧嘩をしておったら、大変な時間がかかり、そしてうまくいくかどうか分からない。こういうことで私もその局に当たっておった者から言うと、非常にうまくいったとあの程度に日本の活力を残して、向こうも弱っておるんだから。そういうことで自画自賛という声もあるでしょうけれど、うまくいったところこういうように判断する。

要するに将来立ち上がる力がなくなってしまったらこれ、いくらその、うまく自分の我を通そうとしても立ち上がる力がなくなったらこれ何もならない。

立ち上がる、このへんで立ち上がる力を残して、そして無駄な人を殺したり、そういうようなことはなるべく早くやめなくちゃいかん。
そういうことで私は陛下があいうお言葉を出して、そして一つこのへんで、ポツダム宣言を受けるというほうに持っていったほうがよろしいという結論を出されたことは、私たちもその通りでやむを得ないと考えておりました。

寺崎　ありがとうございました。
それでは一応「特攻と原爆の功罪」、これを終わらせて頂きます。

第四章

『あゝ同期の桜』の生き残りが語る特攻

【第四章・第五章の内容について】

第四章は平成元年九月二十六日に行われた、第百十六回「海軍反省会」において議論された内容である。『[証言録] 海軍反省会』の第十一巻に収録されている。

第五章は昭和六十二年十月三十日に行われた、第九十四回「海軍反省会」において議論された内容である。『[証言録] 海軍反省会』の第十巻に収録されている。

海軍飛行予備学生で要務士であった小池猪一《こいけいいち》氏が、特攻配置にあった予備学生についての見聞を紹介している。予備学生が海軍兵学校出身の士官から差別的な扱いを受けていたことなどを述べた後、搭乗員の絶対数が足りなかったことから、搭乗員養成の問題に入っている。

搭乗員養成については、末国正雄《すえくにまさお》氏が、軍人の養成は、将来の軍備を見越して行われるために、急な増員要請に追いつかなかった状況を説明している。

現実の問題として、日本海軍が極めて甘い予想のもとに人的軍備計画を立てて開戦に踏み切ったことが明らかにされている。

予備学生の問題に関しても、対米戦争という国家の存亡をかけた戦いであるにもかかわらず、学生をいわゆる学徒動員で招集したのは、昭和十八年であること自体が、日本の人的軍備計画の甘さと言うしかない。

アメリカは、真珠湾を攻撃されて対日戦争が始まると間もなく予備学生の動員を行い、各地の民間の飛行学校などは直ぐに一旦教育を中止させて、改めて軍に志願する者のみパイロットとしての教育を再開させるなどの対応を行っている。

このような搭乗員養成の遅れ、特に兵学校出身の搭乗員の不足が、後に、特攻に行ったのは予備学生と予科練出身者ばかりで、兵学校出身者が少ないという非難の背景になるのであるが、現実には、兵学校出身の搭乗員は、もともと極めて少なく、レイテでの特攻作戦が始まる前に、多くの兵学校出身搭乗員、特に戦闘機搭乗員は、すでに戦死していたのである。

また、終戦の玉音放送後に沖縄に特攻攻撃を行った宇垣纏《うがきまとめ》の特攻についても議論されている。戦争が終わったにもかかわらず、部下を率いて出撃したことについては、当時から否定的な評価が少なくなかった。

平塚清一《ひらつかせいいち》氏の、「人命を消耗品視する考え方が蔓延していた」という指摘は、特攻作戦が日常化した当時の空気を伝えている。

◉特攻にも原爆にもさまざまな見方がある

寺崎　それでは議題に従いまして「特攻と原爆の功罪」について、この前に相当くわしく説明されましたけど、まだ質疑等、残っていると思いますが。

鳥巣《とりす》（建之助《けんのすけ》・兵58）さんが特攻と原爆について本（『特攻と原爆の戦い――「聖断」への長い道』一九八六年、サンケイ出版）を出版されておりますが、このパンフレットをご覧になると相当分かると思います。

この間、保科《ほしな》（善四郎《ぜんしろう》・兵41）閣下がアメリカの新聞記者からね、もし原爆を持っておったらどうしますかと質問を受けたそうです。そしたら閣下は、人類を殲滅《せんめつ》するようなそういうことは私だったら使わない、とこういうふうに答え、（記者は）非常に感銘したそうです。

先月亡くなられた源田《げんだ》（実《みのる》・兵52）君は向こうへ行って質問があったとき、日本が持っておれば使います、と答えて、非常なセンセーションを起こしたといいます。向こうは拍手喝采だったそうです。アメリカが使ったことをあまり悪いことだと思わないというような内容だったかもしれません。そういうことがあるわけです。

やはり我々人類を絶滅するような兵器は使用しないということが、これはもうできればそうなったほうがいい。鳥巣（建之助・兵58）さん、いかがですか、今の問題は。

鳥巣　それはね、使うという人も使わないという人もおられますが、現実にとにかくアメリカは日本に使ったわけです。

それは使うとか使わんとか言うたって、これはあまり意味がないことです。

原爆を使ってそれがどういうふうに日本のあれ（終戦）に影響があったのかという史実を研究する必要があるんであって、アメリカがどうして使わざるを得なかったのか、そういうことを私は検討して説明したわけでありますが。

先般、特攻も原爆も功罪について簡単に説明したんですが、それに対する質問をして頂いてみなさんのご意見、私の考え方をお話ししたいと思います。

小池《こいけ》（猪一《いいち》・飛行予備学生14）さん何かありますか。

◉命令とか志願とか言う前に特攻要員になっていた

小池　実際に特攻隊員になったクラスの一人として、この間鳥巣（建之助・兵58）さんの文章を拝見いたしまして、その功罪についていささか意見を述べさせて頂ければありがたいと思います。

一四期予備学生というのは、昭和十八年の十二月十日に海軍に入りまして、約一年間の猛訓練で、十九年の十二月には実用機教程を終わりまして、卒業と同時に特攻配置というクラスです。

二カ月前に入ったクラス、一三期というのは、もう九月から特攻訓練に入っておる。特攻を論ずる前に我々の仲間で川柳《せんりゅう》がありまして、「卒業が特攻となった一四期」、というくらいでありまして、一四期というのはまさに卒業と同時に特攻編制と。

特攻編制要員以外は、全部陸戦ならびに本土決戦要員に振り分けられまして、命令とか志願とかそういう問題の以前に特攻隊に組み込まれております。

一、二例を挙げますと、元山《げんざん》航空隊で実用機教程を終わった連中は一八〇名ほど、いわゆる零戦《れいせん》で離着陸、それと簡単な空中戦ができる程度の技量で、すぐに鹿屋《かのや》に進出を命ぜられて特攻出撃しております。

一番早いのが谷田部《やたべ》（航空隊）のあたりで教育を受けた連中はどんどん九州へ出てきまして、四八〇名の戦死者のうち一八〇名が特攻戦死しております。

これは分類をいたしますと、早くに出た連中は第一線機の零戦、ならびに天山《てんざん》、彗星《すいせい》というような飛行機で攻撃に参加しておりましたが、終盤以降、菊水《きくすい》四号作戦以降は、新式の飛行機はなくなりまして、与えられた飛行機は水上機の零式水偵、零式観測機というのはまだいいほうでして、九五水偵、ならびに白菊《しらぎく》、九三中練と、これにいたってはもう戦争というものの様相ではなくて、ありったけのものを駆り出して戦をした、という実態の中で我々の同期の連中は戦死しておったわけです。

これに対して『あゝ同期の桜』（海軍飛行予備学生第十四期会、一九六六年、毎日新聞社）という本を終戦後に作りまして、これがベストセラーになって今日残っておりますが、どの遺書を見ても志願でもなければ命令でもない、とにかく自分の所属部隊が全部特攻編制であったという事実は、志願とかそういった問題以前に我々が特攻に組み込まれていたという事実を示しております。

◉俺たちがやらなければ誰がやるんだという気持ち

小池　もう一つ残念なことは、優秀な飛行機で比島における神風特攻作戦自体は、非常に搭乗時間も長いし、かなりの技量を積んだ特攻隊員でありまして、かなりの成功率があったんですが、沖縄戦にいたっては、残念ながら立派ないわゆる一人前のパイロットではなくて、ただ飛べて多少の空中戦ができて、ただ毎日突っ込むことしか教わらないというような程度の（飛行時間）百時間足らずの技量で戦をしたという現実は、どうしても後世に記録として残しておくべきと感ずるものです。

せめてアメリカの機動部隊の航空機と戦えるような技量にというのは生き残った我々の感慨ですが、これは当時の現実としては甚だ無理であった。

したがって我々初級士官ならびに搭乗ペアになりました予科練の出身者というのは、要するに祖国のため、崇高なる気持ちで行ったと言えばそれまでですが、事実私の同期で明日特攻に発つんだというやつの部屋を覗いてみましたら、夜になっても電気もつけずにひたすら泣いている。酒を飲んで騒ぐなんてことはとんでもない話で、そういう姿を何人も何人も見て送りました。

したがいまして後世に残った本などを見ますと、まあ、やたらに宴会で酒飲んで騒いでどうこうしたというのはまあ、ずっと前の段階でして、明日特攻機に乗る連中のことは未だに私の脳裏に強く残っております。

そこで鳥巣（建之助・兵58）さんがせっかくこれだけのものを書いて頂きましたので、私なんかのようなものが言うのは蛇足《だそく》かもしれませんが、当時の現実は志願でもなければ命令でもない。とにかく特攻以外に方法がなかったんだという、それには俺たちがやらなかったら誰がやるんだと、こういう事実です。

　ですから命令でもなければ志願でもないというのは、全く事実でして、俺たちがやらなければ誰がやるんだという、これだけを正確に記録に残しておくべきではないかと、あえて申し上げたわけです。


◉特攻をさらに悲惨に見せている当時の組織の中の事実

小池　したがって「卒業が特攻となった一四期」ということがあるように、昭和十九年十二月二十五日に海軍少尉に任官したときには、すでに特攻要員であったと。

　まあ、特攻要員になったやつは幸せだったというのが現実でございます。

　だからあえて記録がないようなことを申し上げますと、ある特攻隊員が基地を発ちまして特攻に出撃したと、これが午前三時搭乗員起こしで、四時に出撃なんですが、要するに八時間（飛行できる）燃料の白菊でございますが、すでに全燃料を使い果たして何度も何度も敵に向かって探して飛んだのだけど、当日、上層部の（作戦中止）命令の決定が行われずに通信が届かずに、特攻中止の命令が届いてないまま、要するに三機編隊で通信機は一機しか積んでいないわけです。

そうすると編隊長が乗っておった私どもの同期の連中は積んでおるんですが、その通信機もあまり通じないので、命令が聞こえないまま、探しに探してついに沖縄のある島に不時着して九死に一生を得て帰ってきた男がおります。

これは帰ってきましたら分隊長に殴られまして、意気地なしだということで。未だに彼は兵学校出身のその分隊長に対して個人的な恨みを持っておる、というやつもおるわけです。

ということは、俺はやるだけのことはやったんだと、敵がいないのにただ突っ込んでもしょうがないから、まあ探すだけ探して燃料のある限りやってみたけど、負傷して帰ってきた人間が修正されるという事実なんかもあるわけです。

我々予備学生と予科練習生の特攻隊員の中にはそういう経験者がかなりおって、これが非常にその、特攻というものの現代の我々の歴史研究のためには甚だ良からぬ印象を持つ人間が多いということもまた事実でございます。

こういうことが特攻作戦の現実でありまして、大西《おおにし》（瀧治郎《たきじろう》・兵40）中将が、若いものだけでは行かせないぞ、と言って、以心伝心で搭乗員が大分で長官の姿を見ながら、俺たちが先に行かなくて誰がやるんだ、という（気持ちだった）この事実だけは歴史の事実として後世の若いものに語り継いでいく、何かの記録を作るべきではないかというのは、功罪で言え

特攻出撃の準備をする零戦

ば罪のほうの特攻の現実ではないかと思います。

同時に私どもが送るときに必ず彼らは風防を閉めるときに同期生の顔を見て目と目が合って彼らは風防を閉めて出撃して行ったという、これはあとを頼むぞということだと思いますが、あまりにも若い二十一歳二十二歳の海軍少尉の姿は四十何年経っても私の脳裏から去らないのであります。そんなわけで、鳥巣（建之助・兵58）さんの研究にそういったこともひと言記録に残して頂きたいということは私の意見です。

◉アメリカ兵を異常心理に追い込んでいた特攻機の恐怖

小池　次に功のほうを申し上げますと、数年前に私がペンタゴンに行きまして。アメリカの太平洋戦争における写真の提供を頂きたいということで行きましたときに、たまたま向こうの退役した海軍少佐という人が私をとっつかまえまして、おまえは記録によると海軍航空隊員だったんだろうと。

そうだ、と言うと、俺は護衛空母に乗っておったがお話ししたいことがあるから今夜都合つけろと言う。

結構だ、ということで、ゆっくり将校クラブで話し合ったのですが、そのときに出た言葉は、日本の特攻機の恐ろしさは、もう筆舌に尽くしがたいと。

そのときその少佐の人は兵隊上がりだったと思いますが、ボースン（掌帆長）だった。機銃要員も砲台員も何もかも兵隊はクレージーになっていて、正常な状態ではなかった。艦隊軍医長もその状態を見て、艦隊参謀に対して沖縄作戦はもうこれ以上続行することは不可能だと上申して、すでにそうしようじゃないかということが我々の耳にも噂は入っていたと。

我々もということはかなり下のほうまでということです。

それほどの恐ろしさで、いつどこから何が飛んでくるか分からないというのがアメリカの艦隊乗組員の心情でして、オフィサー（士官）を除いては、ほとんどものの用に立たないと、そういうような極限の状態まで追い込んだのが、菊水作戦の七、八号作戦の日にちと、彼らの言った日にちとがぴったり一致しております。

そのことは沖縄の菊水作戦の後半はかなりの戦果があったという、そして戦争終結を早めたということの結果と考え合わせてみるとそこにある一つの符合を感ずるわけです。

それで、こういったことを一生懸命今ノートに記録しているのが現状でございます。

◉邪道な作戦の中で明らかになるもの

小池　たしかに特攻作戦は作戦としては邪道だと言うけれども、事実、その要員として先頭に立って戦ったのはまだ、百八十時間から二百時間しか飛行時間のない飛行科学生出身の七一期七二期、それと予備学生の一三期一四期、予科練習生の甲飛の八、九、一〇期あたりが主力であった。

いずれにしても分隊長になった七一期代でも二百時間そこそこ、せめて武士の情でもう少し技量を上げてから作戦に参加させたらばよかったんではないかということを今日反省の一つとして挙げられております。

そのような激しい特攻作戦のさなかに、ある飛行隊の隊長は自分の部下を絶対特攻隊員に出さなかったということも私聞いております。

したがいまして、命令と志願ということの難しさというのを特攻作戦というのは明らかにしておるわけです。

そこでお聞き入れにならないかもしれませんが、私自身の提案として、私の同期で一回靖国神社に入ったけど、おまえまだ来るのが早いと追い返されたものが一人おります。

それと回天の搭乗員で私が懇意にする人間が一人おります。

せめて一時間ぐらいずつでも、彼らにことの真相を話させて、そして聞いて頂いてこれを記録に留めるということができましたら、特攻で戦死した連中も、もって瞑すべしと感ずるものでありますが、これは非常に貴重な時間ですからあえて主張できませんが、私の提案として是非一時間その実情実態を本人から聞いて頂ければありがたいと思います。

ですからこれは私の意見というよりもむしろ鳥巣（建之助・兵58）さんのこの文に対する蛇足かもしれませんが、お話をした次第であります。終わります。

第五章

「決死の戦法」が「必死の戦法」に変えられるとき

◉兵学校出身の士官搭乗員がなぜ少なかったのか

三代　僕はね、あんた（小池猪一《こいけいいち》・飛行予備学生14）がいろいろ言われたけれどもね、問題はその人の性格とか、そのときの命令の与え方とか、それからいろいろ状況を受け取って、それでやりますとか何とかっていうような、受け取り方とかいろいろあると思うんですよ。

だから一つや二つの問題だけでもって、どうのこうのということを決めるわけにはいかんと思うんですがね。

例えば今日あたりも何も問題がないから出なかったと思うんですけれども、特攻を、海軍でもって特攻作戦をやるように命令をしたのはですね、飛行機の搭乗員に対して、お前たちはやれということを言われたときなんですよね。

これは数はたくさんはないですけれども、中にはワイフをもらっておるという者もあるしですね。何らそういうものはないという人もありいろいろあるんですけれどもね、その命じられたときの状況によってですね、承知しましたと受け取るか、ただ黙ってやむを得ず従わされるというようなことになったか、いろいろあると思うんです。

それだから僕はその一つの状況でもって（特攻を）決めてしまうということはちょっとお

かしいんじゃないかと思うんですがね。

それですから、この特攻ということの命令の仕方と、それから受け取り方と実行の仕方によってですね、いろいろ違いがあると思うんですがね。

そういうことですから、その例えば宗教のためだとかいろいろ問題論が出てくるところがあると思うんですけれどもですね、その命令を与える、それから受け取ると、それで実行するという状況の如何によってですね、いろいろな仕方があると思いますからね。

そういうところを頭において決めるべきであって、ある状況だけを言うて、それによって決めるということはちょっとナンセンスというか、おかしいところがあると思うんです。

小池　一つだけの現象ということでなくて、あまりにも海軍搭乗員の軍備の遅れがですね、特攻作戦に大きく影響していることを申し上げたいんで、一つ一つの現象では（ない）。

三代　搭乗員の何の遅れがあるっていうんですか。

小池　養成ですね。

士官搭乗員の養成がですね、あまりにも立ち遅れていたということの事実だけは、後世に残さなきゃいかん問題だと私は申し上げているわけです。

三代　つまり養成の仕方がですね。

特攻あたりに応じるような状況まで持っていっていなかったと、こういうことですか。

小池　いや絶対数の問題なんです。絶対数が少ないということです。

三代　少ないっていうことは何が少ないいんですか。

小池　要するに兵学校出身指揮官のですね、絶対数が少ないということです。航空隊のですね、搭乗員の養成上ですね、兵学校出身の搭乗員の指揮官があまりにも少ないということを申し上げておるわけです。

三代　中学校卒業の搭乗員（甲飛）が少なかったったってことですか。それだからそれが影響したってことですか。

小池　そういうことです。

三代　僕はそういうことだけにですね、限って言うことはどうかと思うんですがね、これはやっぱり人の性格によると思いますから。性格とそれから時の情勢ですな。中学を出たとか出なかったとかということを重視する必要はないように思うんですがね。

大井　今のね、私、予備学生の生徒をね、あなたは飛行予備学生だから別ですがね。あの兵科予備学生全体のあれ（養成計画）を作るときのいろんな方面の所見はね、こういうことがありましたよ。

兵学校に入れるというと、あれは⑤《まるご》軍備のときに作ったんですがね、⑤軍備を作るということになると、軍備の物的のものは非常に早くできると。ところが人間はなかなかできないと。

それで人間を本当にあの、船を操縦したりいろんなことするにはどうしても兵学校出を使わなきゃいかんと。

しかしそのほかのね。まぁ戦争になると思わなかったから私、ほかの陸戦隊だとか暗号だとか、そういう（ところで）。

あなたは飛行機だからその前にあったわけですが、暗号だとか何とかいう方面ならば予備学生でもいいんだろうと、こういうことがあった。

で、私はそれは予備学生のほうがかえっていいかもしれんと。兵科予備学生のほうが。

アメリカにはあのＮＲＯＴＣ（予備役将校訓練課程）ていうね、あれを大学からずっと海軍の教育をしておったわけですよ。これは兵学校と同じようにできるんです。兵学校卒業したのと。

それだからね、急に戦をはじめたところが、予備学生を作ってみたところが、その兵学校のほうは船の操縦で。船の中に船に乗っていろんなことができるように作ってあるから船のほうに使ったと。

それでその他の兵科予備学生のほうは海軍教育なしに常識っていうか、人間としての教育はじゅうぶん受けていると、かえってこれ兵学校よりいいかもしれん。そういうようなところにこうやったと。

そこに今度は戦況がずっと進んでですね。飛行機が非常に重要になってきたと。

それで兵学校のほうは飛行機に行くよりは船のほうに人が多く要るんですからね。兵学校の人は多分船に乗せたんじゃないかしら。

そうしてあの飛行機のほうだと兵学校のほうでは別に教育しているわけじゃないから。

それでそのこれはアメリカなんかもそうなんですがね。予備学生、飛行機の搭乗員は非常に、一般の学生から取ってますよ。

飛行機の搭乗員の数はだんぜん一般大学から行ったものが多くて、アナポリス（アメリカ海軍の士官養成学校）かな、向こうの。

こちらは江田島のほうは非常に少なかった。こういう率でね、あなたがこうやってみると、比率がそういうふうになったんじゃない。

だから兵学校のほうは、エンジニアリングだとか航海だとか船の操縦のほうが非常に多いですよね、運用だとか。船関係が。

しかし陸戦隊なんていうのはそれ、兵学校出だろうが、一般だろうが（関係ない）のね。私のときは非常に南洋群島をやる（警備する）のにね、陸戦隊関係みたいなのが非常に多かったんですよ。

で、それの指揮官は兵学校出ではとても間に合わない、そこで、兵学校出の人じゃ、船に対しても間に合わないんです。

で、あの頃はそういう関係でね、飛行機の搭乗員のほうはやっぱり大学出に頼らざるを得なかったんじゃないかっていう感じがするんですがね。あなたの説明に対しては。

●軍人養成は先行投資だから、新たな時流には適応しにくい

末国　はい、今の小池（猪一・飛行予備学生14）さんの質問の問題でですね、兵学校出の指揮官の養成数は少なかった問題ね。

これはね、ワシントン会議（一九二二年）から起こってるんですよ。

ワシントン会議までは八八艦隊要員っていうので、五〇期、五一期、五二期が三〇〇人ク

ラスなんです。

ところがワシントン会議があった後の五三期っていうのは、僅か五〇名しか採らない。そしてその後ですね、採用人数が少ないのがずっと続くわけなんです。

それがどういうことであるかっていうと、人事局が、船もない、行くところもないのにたくさん養成されても配員に困ると、それだからたくさん採れないいんだと。こういう方針が決まるわけです。

そして、そういうようにしていった連中っていうと語弊がありますが、そのクラスが今度の戦の（始まった）ときにどういう階級にいるかっていうと、五〇期が大佐、五一期のうちの一部が大佐、大部が中佐。五二期は中佐。五三期が中佐かもしくは少佐。そしてあとはずっと大尉クラスなんですよ。そういう構成できているわけ。

そして今度は⑤《まるご》計画が出てきたときに、佐官級が非常に足りないじゃないかという問題が起こったんですが、それがですね、今度は予備学生を多数に採って、そこで補充をしようという方針になってくるわけ。

そしてもう一つ。これは私が今度問題に出してあるんですが、軍人養成と予算の制度の問題があるっていうのはね、本当は軍人養成は先行投資をせにゃいかん。

大尉一人養成に十年かかると、中佐一人養成に二十年かかるって当時言われているから。大尉、少佐級を作るには少なくとも、物（軍艦）ができる十年以上前に先行投資をしなけりゃならないと。

ですから海軍の制度では物ができなければ、人件費を出さないという制度になってるところに非常な欠陥があるわけ。そういうものが響いてきている。

そうしてね、今度戦になってみると兵学校生徒を、生徒のうちに航空教育を始めるわけ。これ岩国航空隊ですね。

そうしてね、七三期か七二期あたりのところから兵学校卒業生の約三分の二が飛行機にふりむけられて、あとが艦船部隊に行くようになっている。

ところが実際はね、練習航空隊の収容力が少ない。これも戦時を考えた練習航空隊というものが作られていないから、収容しきれない。それから機材がない。ということで航空要員の養成に非常な欠陥が生まれている。

そしてもう一つは「軍令承行令」の問題がありまして、機関科将校は搭乗員にしないという制約がある。

こういう制度があってですね。機関学校出の中に搭乗員適性者がたくさんいるにもかかわらず、それを活用することを着想していなかった。

ところが（昭和）十八年の終わり頃からですか。機関科将校も搭乗員にしようということで、機関学校出を約二〇名飛行学生に大急ぎで採るわけ。

そういうようにして、やったところがその機関学校出身者が霞ヶ浦を卒業するときに今度は「軍令承行令」の問題がひっかかるもんですから、大急ぎ「軍令承行令」の改正をやるわけです。

で、そんな姑息な手段ばっかりを海軍がやっていたところに、今、小池（猪一・飛行予備学生14）さんの疑問に思うね、将校の搭乗員養成が少なかった原因が生まれているわけ。

それが今度は戦争中になって、航空部隊が続々できると。そうすると各部に配員していくことになるとですね、そんな人数では一つの航空部隊にいくらも兵学校出を配員することができないということが起因して、非常に少ない人数しかいないと、大部が速成教育の予備学生かあるいは予科練出の特務士官、下士官というのが航空隊の中心勢力になるというのが現実の問題であったと思うんです。

それから小池（猪一・飛行予備学生14）さんのさっきの質問の中に（あった）、いろんな同期生でこんないいのと、こんな悪いのがいるじゃないかっていう問題は、これはさっき三代《みよ》

（一就《かずなり》・兵51）さんが言われたようにですね、個人の修養っていうか養成の問題にひっかかるわけですが、ここにね、兵学校教育の大きな欠陥がある。

それは兵学校教育ではいわゆる犠牲になれ、犠牲になれっていうことを盛んに教えるわけです。

一方ではね、兵学校教育では徹頭徹尾、試験点数主義。

そうすると人の犠牲になっていると、点数が稼げないと。だからいい成績が取れない。だから徹底的に犠牲になるっていうことを覚悟でやっている生徒は、おおむね卒業時の成績が下にいると。

そして点数を稼いだ、いわゆる優等生というのはね、いわゆる要領がいい人間にしか育っていないと。これが大きな欠陥で、そのことが七〇期くらいから先のところには相当影響している。

まぁ私はそういうように制度の上から、それから学校教育のあり方という問題からそういうことを私は類推して実態を眺めてみると、あまり私の類推は間違っていないなぁと、いうように私は感じているわけです。終わり。

◉宇垣特攻に対する否定論と肯定論

寺崎　だいたい、いいですか。

今あなたから質問があった、宇垣《うがき》（纏《まとめ》・兵40）中将が（玉音放送後に）突入した問題があったな。

あれに対してはね、僕が本で読んだりあるいは人の意見を聞いたのでは、ふた色あるんです。

これは小澤《おざわ》（治三郎《じさぶろう》・兵37）連合艦隊長官とか古村啓蔵《こむらけいぞう》（兵45）っていう機動艦隊の参謀長、沖縄突入の二水戦の司令官をやっておって、最後は横鎮（横須賀鎮守府）の参謀長やっておった。

小澤（治三郎・兵37）長官と古村（啓蔵・兵45）少将の意見はですね。

もう八月十五日に正午に玉音放送されて、そして戦争止めろっていうことが天皇陛下から勅語で出たわけです。

だからそれから後はいわゆる勝手に行動してはいけないんだと、もう終戦だから。自分で自決するとか自分で飛行機を操縦して行くんならいいけれども、二二人も部下を連れていく

特攻出撃前の宇垣纏

っていうことは命令違反であり指揮官としてやるべき、皇軍としてやるべきことではないと。したがって感状はやらないと、それから進級もしなかったと。

宇垣（纏・兵40）中将は大将にはならんと。そういうふうになっているわけです、理論上は。

ところが感情論から言うとね、宇垣（纏・兵40）中将は連合艦隊の初めから参謀長で作戦計画を立てたり指導したり、何万という人が死んでおると。

それで宇垣（纏・兵40）中将も負けたあかつきには自分で自決するという覚悟を決めておったと。

したがってその八月十五日には午前中から二

機を用意しろとかなんとかっていうことで、決めておったわけです。だんだん遅れて午後五時かなんかに突入になったわけです。それで自分ではもう午前中にやるつもりでおったけれどもそういうことになった。

それでそのそういう点からしてね。これはあの人情論っていうか、そういう同情論が四五期の土井申二《どいしんじ》っていういろんな漢詩を作る人がある。詩を作る。いわゆるセンチメンタリズムの感情だな。そういう人たちがおるわけだ。それで四五期はこの問題に対して大論争をやった。

古村（啓蔵・兵45）少将は今言ったように当然やるべきじゃないと、これは軍律違反だ、というふうな小澤（治三郎・兵37）提督と同じ意見。

で、片や感情論で、そうは言っても戦争の初めから作戦を指導し、たくさんの犠牲者を出しておる。自分が終末までには負けたら死ぬという覚悟を決めておったから、やったんだと。だからこれは同情に値するというので、土井申二（兵45）大佐のようにね。

したがって宇垣（纏・兵40）中将の記念碑が護国神社に建っているわけだ、岡山の。そういう意味ではそれを非常に同情する詩がそこに掲げてある。だからそういうふうになっている。

理論上は天皇陛下が大将にしない。勲章は勲一等旭日章をもらったけれども、大将にはしない。感状はやらない。そういう点からすると理論はそれで通ってるんじゃないかと思います。

ただし感情論からして、これは懲罰とかなんとかはやらないわけだ。あの勲一等旭日章を差し上げた。そういうことになっているんです。

で、淵田《ふちだ》（美津雄《みつお》・兵52）っていう沖縄特攻の指揮官（参謀）があるな。あれも今の意見に、小澤（治三郎・兵37）さんの意見に賛成。それであの感状は書かなかった。淵田（美津雄・兵52）大佐かな。そういうあれがあります。

それじゃ、あの小池（猪一・飛行予備学生14）さんの質問にあたって、さっきから問題になっている、宗教との関係、そういう問題であるわけだが、鈴木（孝一・兵59）さん、一つ何か特攻に関して遠慮なく言って下さい。そしてずっとみなさんに。

●兵学校教育を受けた者ならば、特攻には必ず行ったはず

鈴木　いや、さっき宗教との論争がございましたが、やはり日本人がですね、二千何百年の歴史からして、我々が教えられ、しかも三年八カ月の兵学校であれだけ教育されれば、自分

の身を殺してもそれで立派なものが生まれるというときには、誰でも私は特攻の飛行機でも潜水艦でも行ったろうと思います。

ま、自分のこと言ってはまことに恐縮でございますけれども、私も大淀《おおよど》の砲術長で三代目の長官（豊田副武《とよだそえむ》・兵33）を背中におぶったというときには、一代目も亡くす、二代目も亡くす、それからもう船は小さいですけれども、暗号員も軍楽隊もおりますし、みんな一緒におりますから、あらゆる情報をどこでどう負けてるっていうようなことはみんな分かって、あの船で大きな声では言えませんけれど、十九年の中頃から日本は負けだというのは、ここそ話になっておりますが、これらの人たちを敵が来たときに撃たして、そしていかに守ろうかということには、もう自分の苦心というものはどうなっても良いというつもりであるんで、五カ月間トップ（艦橋最上部）で寝たと。

トップで寝たんじゃないんですが、作戦室で寝ておりまして、敵の朝の空襲をとにかく俺が一番最初に号令かけるんだというつもりで、やったつもりで。

特攻があれば、三年八カ月の兵学校の生徒をやった人は、みんな私ならばやりうるだけの気持ちは持っておったろうと思います。

それから、したがってその日本の歴史で教えられ、兵学校で教えられた人は、宗教そのものがそれだけのことをまた要求しておりますから、宗教がそう教えたからっていうのではなくて、やはり国があああいうふうになったときは特攻でも何でもやって立派な日本を残すんだということにおいては、小池（猪一・飛行予備学生14）さんの若い人たちがやったことはそれでいいんじゃないかと。

だから私ならば大井《おおい》（篤《あつし》・兵51）さんの言うことも本当だし、小池（猪一・飛行予備学生14）さんの言うことも本当だし。これが本当の日本人であったんじゃないかと、そう考えております。

◉海軍はなぜこんなに人を採らないのかと常に思っていた

鈴木　それから、今、末国《すえくに》（正雄《まさお》・兵52）さんから人数のことを言われまして、それだけのいろんな要求が、ああいう戦争ではできたのに、何で上の人がもっと人数を早くから採ってないかと、私はそれは非常に疑問に思っていました。

それは予算もあるでしょう。しかしながら、それこそ大将、中将ともなった者ならば、機械をそれだけに動かして、戦争っていうものは消耗を伴うもんだということをもっとナニ（理解）して、海軍の制度というものを、少なくとも二割も人をもっと数多くしてもいいんじゃないかと。

明治の誰かが、兵学校卒業したら、たばこ呑んでおっても、決して世の中の人と同じように無駄なことは考えてないよと言った人があるそうですけれど、もっともっと人数が多くて良かったんじゃないかと。

これも私のことで恐縮ですが、兵学校の試験を受けたときに、試験が終わってから試験官が、おいみんな集まれ、椅子持って集まれと言って、どうして兵学校受けたのかと、いうような決心を聞きました。

そのときに私は文句がてらですけれども、陸軍士官学校が三五〇人採ってるのに、どうして兵学校は一二〇人しか採らないんですかと。

もちろんあのときに配属将校がありますから、それは人事から言ったら、陸軍が多いかもしらんけど、海軍だって輸送船があったらば、輸送船に面舵取り舵、潜水艦に応じてやるのが、これやはり大佐だろうが中佐だろうが必ず要るんじゃないですか。ましてやられる人が一割も二割もあるんじゃないんですかって言ったら、試験官が、うん俺はちょっとその方面の配置じゃないからそれは分からんよって、話それで終わったんですが。

そういうふうに私ならば海軍の戦争というものは消耗を伴うもんだというのを、もう少し早くからちゃんと機械のほうあたりも作っておくのが（必要）。

そして船が一〇〇人いるならば、一二〇人の将校あたりもちゃんと作っておいて、何がしか配置があるはずですから、やっておいて差し支えないと思いますし、その人たちが辞めたときに後の生活が怠惰で辞めなくちゃならんということもないと思いますから。

その辺は私は末国（正雄・兵52）さんにこれもいつか聞いたんですが、何であんなにぎりぎりなその人数だけで、海軍というものは戦争というものをやる人が、何であんな少ない人数でやってるかっていうのが（分かった）。

戦争をやってみると、今度は飛行機が一番問題になったということでありまして、まことに残念に考えておる次第でございます。

それから宇垣（纏・兵40）さんのことはやはり特攻を出すときにお前たちの後には俺が続くぞと言って、約束してやってるんでしょうから、どうせ相手が、それは確かに軍律を犯したっていうことがあるでしょうけれども、ここでそんなに論ずるまでもないんじゃないかと。同情すべきところは同情して、もって宇垣（纏・兵40）さんも瞑すべしだと思っております。以上。

◉特攻を論じられる宗教や哲学など存在しない

寺崎　それじゃあの、田口《たぐち》（利介《りすけ》）さん。一つ遠慮なく、特攻。

田口　マスコミが戦争に与えた影響って非常に大きいんで。

支那事変、とくに満州事変から、満州事変のときは自分たち、あの時分から陸軍省自体から陸軍省の報道部自体がもう、軍人は政治に関与してはならないと、これは初めから軍人だから関与するんだということを表向きに出しまして、これはもう国会でも大変な論争になりまして、新聞があげて叩いたんです。

陸軍が自ら関係してはならないと言いながら自ら関係しているじゃないかと、これは新聞がものすごくやったのが昭和六年、満州事変の頃でした。

まぁこの辺はですね、マスコミが戦争に公然と反対した頂点でした。

それから後は昭和七年の五・一五事件、あれからさらに二・二六事件とこの辺になってきますと、いつ襲撃されるか分からないと。

で、新聞社へ来て、今と違いますから、活字ひっくりかえされたら新聞出ませんから。

これはもうその辺から何かテロリズムの恐怖というものが日本を覆《おお》ったと。

これはこの事実だけは、これはもう絶対にこの陸軍のファシズムというものが進行した裏において、このテロリズムの恐怖というものが国民を支配したと。このこれだけは見逃してはならない大きな問題だと思います。

そこで私の、さっきから考えていたんですが、ちょうど山本《やまもと》（五十六《いそろく》・兵32）元帥が亡くなった昭和十八年四月十八日ですが、一月経ってから国葬にしなくちゃいかんということで、当時私は大本営海軍部の報道部にいたもんですから、田代格《たしろいたる》（兵50）さんと二人でラバウル行けっちゅうあれ（命令）を受けたんです。

で、いっぺん亡くなった現場も見ないで国葬にしたって、なんと説明するんだというような話も出まして、じゃあ行って見てこいということで（田代）格（兵50）さんと二人で行ったんですが。

いきなり行ったところが、（山本五十六〈兵32〉元帥は）ブインを目指してあそこで落ちたんですけれども、あの先にあるバラレに行くつもりで、山本（五十六・兵32）元帥は飛んでいった。

そのブインの近くで落とされたわけですが、私も行ったときに、直掩《ちょくえん》戦闘機一一機くれたんです。五機と六機とこう。

それがずっと上をかぶっているときはいいんですが、都合によって両方ともいなくなってしまって、見ると何もないんですね。あーこれで（敵が）来たらイチコロで死ぬのかな、と実にそう思ったんです。

ところがそのときにね、怖いとか何とかっていうふうな全然、なんか感じがなくて、空はきれいだし、下におったら鳥の声も聞こえそうだな、非常にうららかな気持ちでおるうちにバラレに着いた。

着いて飛行場に降りてみましたらね、滑走路の横が愛国献納機（報国号）の残骸でいっぱいなんですよ、左も右も。

つまり壊れた飛行機を片付ける暇もない、それも野積みになってるんです。それで何何号、何何県報国号それがずっと滑走路のほうへ。

とても勝てるもんじゃないなと、その段階でね、もうこれはもうね。

で、こんなこと発表できるもんじゃないし、書くわけにいかないしね。

私は実にその段階で悶々の情で帰ってきました。

さっきからその特攻の精神何かという、言われました鈴木（孝一・兵59）さんの気持ちのようにですね、三年八カ月の教育、これはやっぱり抜けきれるもんじゃないと思います。

ですからこれが宗教であるとかないとか、そんなことじゃなくて鈴木（孝一・兵59）さんがあの時分にあの状態に自分がおかれたら自分も死んでいったなと、これが本当の心境じゃなかろうかと、私もそう思います。

私は新聞屋にいて、そういう、陸攻で行ったんですが、あのときもね、やー、こういう気持ちで死ぬっていうことは、怖いとはそんな感じに全然つながっていませんでした。

下へ降りたら鳥が鳴いているだろうなという、自然な明るさの中でそういう気持ちになりましたから、鈴木（孝一・兵59）さんの言われたようなそういう心境に、私も多分三年八カ月になるまでにおったら、その精神に培われたんじゃないだろうかと。

私は特攻っていうもの、これ宗教というような形で論ずるとかね、哲学とか、そういうことを超えたもう一つそれを進んだ問題がそこにあるんじゃなかろうか、私はそのような気がします。特攻というものに対する私の感じです。

◉「必死の戦法」と「決死の戦法」は断じて違う

大井　あのね、特攻っていう言葉ね。

これ少し乱用、急になんか、「特」っていうやつはね、特攻っていうとね初めからね、初めから計画的に決して帰らないというあれ（前提）があるんですね。そこの言葉に。ただ任務を果たすためには命を惜しまないっていうのとは違いますよ、特攻というのは。

これはみんな持っているんですよ、任務を。自分の与えられた任務を果たすには命なんか考えておれんと、これはみんな持ってますよ、特攻（開始）の前に。

「特」とついたのはね、初めからこの任務は死ななけりゃ果たせないような任務を与えるということなんです。

そういうことで特攻。

それに「特」ついたんでね。

命、身命を惜しまないなんてこれは当たり前ですよ、軍人は。

特攻っていう言葉が今乱用されているような気がするんですがねえ。

三代　僕も海軍のあれ（任務）を果たしたんですけれど、一番初めは講義録をとって勉強しまして、それから途中でもって東京の中学へ入りましてそれから兵学校受けましてみんな合格しました。

それで兵学校入りましてからはとにかく、一番初めは陸奥《むつ》に乗せられましたよ。候補生の頃ですね。候補生から少尉になる頃でしょうかな。

　そして陸奥でもってその艦橋におりましてて航海士やらされましてね、それからあんときばかり一年かしましたら、今度は長門《ながと》に乗せられまして、そこでまた航海士をやらされましてね、おったわけですけれども。

　今度はわしが希望したのは、候補生、少尉の頃あたりは航海士やりましてですね、みんな自分の乗ってるところでもって艦内も外も分かるようにと、こういうことだったんですけれども。

　それから今度は私は飛行機乗りになりましてね、飛行機でも今度はその操縦を自分でやるということをやりまして、そしてそれによってですね、今度はその自分の好きな攻撃のための操縦をやりましてですね、そして敵が軍艦ならばそれを攻撃してやろうということで、攻撃のための操縦をやりました。

　そういうことをやりまして、結局私はその勝手なというか、そういうふうな海軍のあれ（経験）を経まして飛行機乗りになりました。

　船なんかはですね、わしが操縦した飛行機に積んでいる攻撃用兵器でもって攻撃して撃滅してやろうとこういうようなことをしてですね、結局、航空でもってやれば結局、勝てるだろうと、こういうことでやりましてね、そういうような状況ですから、わしは自分が強いですから、自分勝手なことということじゃないですけれども、好きなことをやって海軍を育てていこうと、こういうことでやったわけなんですけれどもね、ですから今でもそういう気持ちでわしが強いつもりでおります。

寺崎　あの時間もあんまりありませんので、貴重なる意見をみなさんから要点だけをですね、お願いしたいと思います。

大井　あのね、わしは今ちょっと考えたんですがね、特攻精神というものをね、特攻というものとごっちゃにして論じているところあるようですがね。

特攻精神というのと、特攻というものを何かごっちゃにしているような、あの特攻精神という言葉は後で生まれてきたわけでですね。

三代　いや、ごっちゃじゃないんだよ。

大井　貴様の場合はごっちゃにしてないように思っているの。

寺崎　特攻っていうとさっき言ったような、生きて帰らない命令を出してね、そして初めから自分が敵の航空母艦なり見つけて、そして自分も死んでしまうと。

大井　そういうものを戦術としてね、初めから作っておる戦術なんですよね。

特攻戦術っていうのと特攻精神っていうのと何かこう（混用しているのではないか）。

末国　これはね、「必死の戦法」というのと「決死の戦法」というふうに区別せにゃいかん。

そしてこれを海軍の歴史で見ますと、日露戦争のときに旅順の閉塞隊、これは最初、有馬《ありま》良橘《りょうきつ》（兵12）さんの発想では、必死の戦法だ。

今でいう特攻ですよね。これは東郷《とうごう》（平八郎《へいはちろう》）艦隊長官は許可しなかった。

これ（隊員）を救う道を編み出したので、決死の戦法として認めた。

そして今度の戦で甲標的《こうひょうてき》を真珠湾に使う問題で、あの搭乗員連中はいわゆる必死の戦法を考えていた。

山本（五十六《いそろく》・兵32）長官は許可しなかった。

そこでね、湾口に潜水艦を置いて、帰ってきたら収容しますよと、万一に助かるというのを編み出したので山本（五十六・兵32）長官（は）初めて許可した。

だから搭乗員は必死の戦法であったんですが、山本（五十六・兵32）長官がこれを使ったときは決死の戦法であった。

それが今度の戦の終わりになるといわゆる必死の戦法を命令で出すようになった。

これがあの統帥の邪道ですよ。

そこんところがね、今度の戦を考える場合、統帥の問題で徹底的に洗い出して歴史に残し

てお　かんといかんと思う、終わり。

寺崎　その点は大井（篤・兵51）さんの言う通りだね。

大井　私は非常によく分かる。決死と必死と。よく使ってくれたんでね、特攻精神だとか特攻戦術だったらちょっとよく分からん、同じ特攻使うんだから。

◉特攻に逃げて日本海軍を毒した黒島亀人

寺崎　次は中島《なかじま》（親孝《ちかたか》・兵54）さん一言でいいですから。気のついたところ言って下さい。特攻に対して。

中島　私は特攻はですね、戦法と考えている。あるいは戦備をですね、特攻を前提としてやるっていうことは間違いだと思う。これは安易に就いたんだと思います。

だいたいあの、ミッドウェーの前からですね、すでに真珠湾攻撃なんか終わって帰ってきたときからの飛行機の操縦員のですね、補充ということを考えないで、いきあたりばったりに行って、仕方ないから特攻に逃げたんだと。

あるいは軍令部の二部長がですね。黒島《くろしま》（亀人《かめと》・兵44）さんがですね、特攻に使う兵器ばかりを推奨している。

それで同じときにですね、特攻でなくて、ミサイルのですね、操縦なんかを考えてるほうには予算を回さないんです。

こういうのは要するに安易に就いてきていると、そういうものやったら間に合わないから、もう人間を自動操縦機の代わりにするんだと、こういう思想があると。これがですね、日本海軍を毒した最大のものだと私は思います。

寺崎　あの、ご意見はそういった。

鈴木　はい、さっきあの小池（猪一・飛行予備学生14）さんが人数の関係で悩むところが多いと言いましたけれども、やはり我々のクラスでも少ないと。

飛行機屋がちょうど隊長クラスで、飛行機屋の隊長は生きているんですが、潜水艦艦長はほとんど病人で病院におったものと、あと一人くらいしか生きていないんですから、それはやっぱりいろんな配置によってそういうふうに兵学校出が少なかったというようなところであって、私ならばそう問題にするまでもないんじゃないかと思います。

あのときは今度は飛行機の戦争になりましたから、飛行機はやっぱり一人乗るといえば必ずあいう人間の消耗はあるもんだと思いますし、あの場面になって消耗するかどうかっちゅうことは、例えば自分の経験から言っても、自分の私室には家族の写真があって、さあ今度は向こうにずっと黒いトンボのように見えるようにハルゼー（William F. Halsey Jr.）の艦隊をやったときには、ちらっと（家族のことが）頭に浮かびますけれど、その後はぷらっと消えて、さあ来いと。

ちょうど相撲（取り）が手を広げてやるくらいのような気持ちで、さあお互いにやろうじゃないかっていうような気持ちになっておったように、実戦においては考えておりました。

寺崎　あの文明論っていうかそういう点もあった。

中島（親孝・兵54）さんの意見もですね、結局このほかにやる手がないからこうなる、という意見と、それから自発的にですね、やむにやまれずこれでいくんだと、これでいくんだというふうな二つの考えがあったんじゃないかと思いますが。

それであの特攻精神を推奨するっていうか残すっていうと、これよりほかもう教育訓練も兵器もなくなって、そしてこれでいこうというふうに、志願によってそれを上の人は認めてやったというようなことに解釈されんですけれどね。

理論から言うと中島（親孝・兵54）さんの言われる点もあったと思います。それはまぁ、二つの考えがあるんじゃないかと思いますが。

◉震洋は本来、「必死」の兵器のはずではなかった

泉　えーとあの、潜水艦は回天《かいてん》を乗せて行ったりいろいろなことして戦争したんですが、最後はですね、潜水艦自体が回天を乗せていますというと、沖縄戦にしろ、硫黄島戦にしろ、結局潜水艦自体が決死のあれ（作戦）なんですね、生きて帰らないという。

決死が必死の戦争になっちゃったんですね。本当の特攻なんですよ、潜水艦自体が。そうなっちゃったのはですね、やっぱり後ろに控えておる、私はそのときに教育局におったりいろんなことをしたんですが、考えておったんですが、これはよほど一所懸命でいい兵器を作ってやらなきゃいかんぞと。

例えばモーターボートの震洋《しんよう》艇ってやつがありましたね、あれもなんですよ。初めは（目標の）一〇〇〇メートルか二〇〇〇メートルくらい手前で飛び降りてですね、そしてぶち当たれば当たれるんじゃないかというようなことも言われたこともあるんですが。

ところが実際に訓練をしますとね、実際最後に八月にですね、横須賀鎮守府におりましてね、私は震洋艇で夜の東京が空襲にあってるときに横鎮部隊、外に出ましてね、そして震洋

艇の訓練やったんです。

そしたらやっぱりね、演習ばかり一〇〇〇メートル以上近寄っちゃ駄目だーって言うのに、一〇〇〇メートル以内に近づいて本当にぶつかるやつが出てきましてね、そんな状況で本当に搭乗員はですね、本当にもう決死、必死だったですね。

というのは要するに兵器がそれに沿ってないからですよ。

それでね、実際その先ほどからも話ある回天の黒木《くろき》（博司《ひろし》・機51）少佐ですな。それから仁科関夫《にしなせきお》（兵71）が葉山に出てくる前に私、送ったんですが、そのとき仁科関夫（兵71）が私に言ったことはですね、何かというと、教育局員、とにかく立派な兵器を作って下さいって、彼は言ったですね。最後に私にそう言いました。

私はね、全くその通り立派な兵器を作るのに努力するからと、そのときに返事してしっかり行ってくれよと肩を叩いたような状況なんですがね。

我々もう本当に後ろに控えているやつが本当に責任を感じておりましたけれど、遺憾ながらそれに追いつかず、例えば潜水艦のレーダーとかね。スノーケル装置とかいろんな装置がたくさんあったんですが、それがみんな手遅れでですね、結局必死の戦争をしなきゃいかんということになったのは、全くその後に残った者の本当に責任だと私は痛感する次第です。

震洋

私は本当に恥ずかしいですよ。

◉危機意識の激しい発動が自己犠牲を受け入れさせる

扇　あんまり意見がありませんが、結局、人間、危機意識にさいなまれるというときには特攻的なアイデアが出てくると。

またそのアイデアがそういう国家にしろ民族にしろ、そういう意識に追われるときには重要なものになるということを私は常々感じております。

だからこそ正しい兵器がどんどん出てくるんであって、これはまあ危機を救いたいと、危機を逃れていくための本能的な発動だと見ておるわけです。

そこで今度この特攻というものの受ける側、行く人の心理、これ今まで理性的であるとか、冷ややかにこれを自分の使命としていくんだ、という見方。あるいは宗教を信じていくなんていうような見方、いろいろあると思いますが、これは愛国心っていうものがどういうふうにして出てくるのか、本来の機能を発揮するのかっていう問題なんかと似通ったものになるんじゃないか。

それについて私はやはり、愛国心っていうのは情緒的な感情的なものですが、しかしこれは規律訓練によって、自分の平素の訓練あるいは置かれた環境によって、これから逃れることはできないというところに自分自身を追いやってる。

これは極端に言えば、我々ずっとそういう運命の中に入っておったわけで、兵学校以来、これまで話に出た通りですが。

そういうところに危機意識が来るっていうと、どんなことをしてでも自分を犠牲にしてでも、ということ。

だから特攻精神といわれる問題は各国、各軍隊その他によって、身近にいえば警官、警察機動隊、そういうふうなところでも、とにかくそこに死守する何か自分を拘束してくるような精神作用を、厳格な精神作用を持っておると、軍人だけのあれ（問題）じゃなく、そういうような意味においてこれを捉えていくべきじゃないかと思います。

◉特攻という新兵器の誘惑に引きずられてしまった

寺崎　豊田《とよだ》（隈雄《くまお》・兵51）さん。

豊田　みなさんがたいてい、この精神というものは本当に純粋なものと信じたいと思いますし、これは後来に対しても大切に保存すべき日本の大きな財産だと思います。

それと、これがために戦後の日本がいかに大きな得をしておるか、あの精神が日本の復興に大きく役立っておるかということをつくづく考える一人であります。

わしのクラスに昭和の戦後の日本っていうものは、要するに沖縄からだと。ちょうど明治維新の原動力というものが吉野朝《よしのちょう》にあるのと同じように、戦後の原動力というものは沖縄から始まっているんだということを言うのがおりますが、これは本当に一面の真理だと私は思いまして。

このために亡くなられた方々に対してはとくに感謝の気持ちでいっぱいであります、終わり。

田口　ちょっと今のですがね、新兵器っていう問題について。これとこう結びつきがどうなるかとみなさんにお聞きしたい。

新兵器が生まれてくると使ってみたくなると、これはまあ軍事専門的な見方から言って使ってみたくなる。

これは大きく広がっていくと軍備に特徴があり何か強いもの、頼るべきもの、頼むべきものを得たときには、一種の危機をはらむ。

まあこれは当たるか当たらんかは別としまして、日本の我々の気持ちのうえでは軍艦で大和、武蔵を持った、ということ。あるいは九三《きゅうさん》魚雷を持ったということ、あるいはその今の原子力兵器っていいますか、また潜水艦の特殊な。こういうふうなものに何らか頼みすぎてはいないだろうかと。

これは誰もそういうわけではないけれども、私自身それに寄りかかって、気持ちのうえではおったと。

ですから各国が何か強いものを持って、これは俺だけが持っておるもんだということになるっていうと、それが好戦的とまでは言わないまでも積極的に出ていくと。態度が積極的になって人が強くなるとかいろいろな、新兵器というものの踊る場所が問題になると思います。

それは三代（一就・兵51）君と関連しまして、太平洋戦争がその、それらの日本の強みとする新兵器に引きずられたんだということは、あえて言うことはできませんが、しかし頼んではおった、ということを私は全体を見まして、偽らざる感じです。

◉終戦直前、小澤治三郎は化学兵器の保有量を確認した

寺崎　ありがとうございました、安井《やすい》（保門《やすかど》・兵51）さん。

安井　回天、特攻、私はあの知りません、みな同じもんだと。

私は艦政本部で火工兵器、化学兵器、特殊兵器の担当しておりました（から）。

（テープ切り替え）

（化学兵器について）あれは使わないということで、六番一号爆弾として二〇〇〇個、横須賀の勢野《せや》の弾庫に、それからあと二〇〇〇個は（別の弾庫に）保管しておりました。

で、これについては小澤治三郎（兵37）大将がとくに僕を呼んで、あれは誰にも話をするなという伝達がございました。

で、使うということはおっしゃらないんですけれども、陸軍が相当量持っておりまして、これを基地その他に化学兵器を使うという計画を持っておりました。

それで陸軍からも指示があって、小澤（治三郎・兵37）さんが私に使うということは絶対言わないんですが、何個あるかということだけ聞かれました。それは二十年の七月二十七日か二十八日、私を呼んでお聞きになりました。

この原爆が広島に落とされまして、私は調査団長として、みなさんからあれは実際にその海軍の火薬関係の人も、陸軍側も、あれは大きな爆弾だということを盛んに、米内《よない》（光政《みつまさ》・兵29）大臣に言ってきていたそうです。

で、私も（広島に）派遣されまして、化学兵器を使う危険を避けて原爆を調査に行ったんですが、その後、長崎の原爆の調査も私に命じられまして、二十日間の調査に行きました。

話が長くなりますからこの辺でやめさせて頂きますが、（米機は）風船を三個落としました。

一機が爆弾を落として、で一機が風船を三個落とし、その風船が三人の友人から、威力を確認して大臣に報告しろというようなことを書いた手紙がありました。

そういうことで（原爆の）脅威をもっと早く知っておれば原爆の調査ももっと早くやれたんだと。だいたい知っておられたんですが。

◉特攻という事実を歴史に残したことの意味

寺崎　ありがとうございました。それでは鳥巣《とりす》（建之助《けんのすけ》・兵58）さん何か補足。

鳥巣　小池（猪一・飛行予備学生14）さんの質問について、私なりに意見を言わさせてもらいます。

逆にいきますとまず宇垣（纏・兵40）中将の件ですが、私はあの特攻に関しては絶対反対です。

少なくとも戦争が終わり、すでに陛下から終戦のご詔勅も出たにかかわらず、ああいうことをやることはですね、これはもう先ほどからの意見の通りであるし、またとくに前途有為な多くの青年をですね、道連れにしたというのは非常に遺憾なことであります。

まあ、あの宇垣（纏・兵40）さんが、みんなを殺すけれども私も必ず後からついていくんだ、ということを何回も言っておられる。その心情はですね、察するにあまりあるし、同情に値するけれども、終戦後あの有為な多くの青年を道連れにしたということはまことに遺憾でありまして、絶対にあれは私は認めることはできない。この件については井上成美《いのうえしげよし》（兵37）さんとか小澤（治三郎・兵37）さんなんかと同じ意見です。

私は六艦隊におりまして、宇垣（纏・兵40）さんと同じクラスの醍醐《だいご》（忠重《ただしげ》・兵40）さんが長官だったんですが、醍醐（忠重・兵40）さんの考え方は、あの終戦と同時にですね、とにかく一兵の命でもですね、これは絶対にあれ（死なせては）しちゃいかんという精神で醍醐（忠重・兵40）さんはいかれまして、だから戦後はですね、いっさい犠牲を払わないような精神でいかれた。

その点は宇垣（纏・兵40）さんと同じクラスの醍醐（忠重・兵40）さんでは全然違っておったと私は思います。

次は兵学校出が非常に少なかったと。

予備学生、予科練のほとんどが兵を使った（特攻をした）という意見でありましたけれど、この点はですね、確かにその点はあるんです。

私は回天関係におりましたから、終わり頃はほとんど予備学生、予科練で兵学校出はほとんどいなかった。

しかしこれはですね、先ほども説明ありましたように、兵学校出でないと務まらない仕事たくさんあるんです。

例えば潜水艦長とか潜水艦の水雷長とか。あるいは駆逐艦の航海長とか、こういうのはですね、予備学生とか予科練では残念ながら急には務まらない。そういうところでどうしても兵学校出の配置はあるのであって、しかも数は少ない。そこで当然そういう方面に行かざるを得なかった。

その証拠にですね。潜水艦ではですね、私のクラスは八人潜水艦長になったんですが、そのうち六人死んでおります。死亡率が七五％。ところがその私の下のクラスから約前後一〇クラスの潜水艦長を見ますと、これみんな兵学校出なんですが、八十何％、中には九〇％の死亡率。

平塚《ひらつか》（清一《せいいち》・兵62）さんのクラスは六二期ですが、これは約八十何％。

要するに潜水艦ではですね、これはやっぱり兵学校出がもちろん兵学校出、それから水雷長、砲術長、航海長なんかは兵学校出なんですが、それも同じように八〇％、九〇％が戦死しておる。

したがって予備学生、予科練でも何とかできるというようなところにですね、予備学生、予科練が非常に使われたというのはこれはやむを得なかったという面もあると私は思っております。

それで江崎《えざき》（誠致《まさのり》）という作家がおりますが、彼が回天の場合ですね、回天の搭乗員はほとんど予備学生と予科練だったということを彼は書いておるわけです。ある小説に。で、私はそれを読んでですね、なるほどそうだったかもしらんけれど、実際問題としてこれは戦死した人だけをあれ（集計）しますとですね、回天で死んだのは兵学校出が一七名、殉職と戦死合わせまして。機関学校出が一二名、予備学生が二六名、予科練が三六名、下士官兵が七名、九八名が殉職または戦死するわけですが、この数字から読んでもですね、兵学校、機関学校がほとんどなかった、というのは当たらんのです。

まあただしですね、確かに予科練や予備学生が非常な犠牲をはらったということは間違いのない事実でありまして、だから我々は兵学校出だけが非常に（働いた）と考えるのは大きな間違いでありますけれど、潜水艦のようにほとんど八〇％以上が犠牲をはらったということも、それにはほとんど予備学生とか予科練はいなかったというようなことも忘れないで頂きたいと思います。

それから、七二期で非常な極端なものがおったという話ですが、これはもうどこの社会でもね、その非常に冷酷無惨な者もおるし非常に立派な優しい人もおるし、これはもう仕方のないことであって、当時の兵学校ではですね、極端に言うと玉石混淆《ぎよくせきこんこう》であったと。

しかも教育は非常に速成教育しておったというようなこともありますし、もう一つは兵学校の教育にも大きな欠陥があったということは、つまらんエリート意識をつぎ込んだというようなことがあって、俺たちだけが海軍士官であるテメエたちは要するに服務役である、俺たちの言うことを聞け、というような思い上がった点もなきにしもあらずだと。

まあそういうところにですね、兵学校出が非常に反省しなきゃならん点もあったことは間違いないと思います。

それから練習不足の搭乗員をなぜ使ったかという問題でありますが、これも大いに反省しなきゃならんことです。そういうのを使ったって、結局、無駄死にを強いるようなもんでありまして、そういうものを上の人が使ったっていうことはですね、非常に残念なことだったと思います。

回天の場合でもですね、ほとんど訓練ができていない。

潜水艦の場合もですね、九十何隻の潜水艦が沈んでおりますが、そういう船のですね、艦長、水雷長なんかがほとんどあまり訓練していなくて出撃して、そしてすぐ沈没していった。

この訓練不足に大きな原因がある。もちろんそれだけじゃありませんけれども。

しかしこれはもう戦争の末期において、戦争を継続する以上はやむを得なかったと。

だから私はそういう状況になっても戦争を継続したところに、日本の戦争指導者の大きな責任があったと。要するに己を知らず敵を知らなかったという点が多分にあった。

それから白菊《しらぎく》（練習機）なんかのようなものをどうして使ったか、というような用兵上の問題もありますが、これも先ほどと同じようなことで、もうとにかくああなったら、海軍の上層部もあるいは中級の指揮官も冷静に物事を判断する余裕はなくて、とにかくもうヤケノヤンパチで突撃させたというような点が多分にあったと。

私は沖縄戦で六艦隊の潜水艦が突入したんですが、これも連合艦隊がとにかく沖縄につぎ込めということでとにかく沖縄に行けば、これはもう虎穴《こけつ》に潜水艦を投げ込むことは分かりきっておりながらですね、とにかく連合艦隊司令部はですね、水上艦艇も潜水艦も全部沖縄につぎ込んだ。

まあそういうところに問題があったというふうに私は考えております。

それから回天と航空特攻の違い。

これは確かに回天のほうは黒木（博司・機51）、仁科（関夫・兵71）両君が自発的にやって、そして回天を創始して上を動かしてやったわけなんですが、航空はちょっと違う。

しかしその潮流としてはですね、もう戦争を続ける以上は、これをやらなければ日本はどうにもならなくなったんだというようなところにですね、問題があったわけですから、まあ極端に言えばこれは万やむを得ずこういうふうになったというふうに考えるべきじゃないか、というふうに思っております。

それから、それに特攻という問題ですが、先ほども私が特攻というものがアメリカに非常な脅威を与えた、そしてポツダム宣言というようなことになったということで、特攻が日本を救う大きなエレメントになったというふうに私は考えております。

もちろん特攻は、私は推奨するものではありませんけれども、特攻で死んでいった勇士の精神というものはね、これは私は非常に崇敬しなきゃいかんというふうに考えております。

それからもう一つですね、維新のときに薩摩や長州があゝいう攘夷をやって、むちゃくちゃな、いわゆる砲撃をやったりしてフランスやイギリスと戦った。

そのときにですね、両方とも大変な苦労をしたわけなんですけれども、それをやったのはですね、あのときは日本は士魂《しこん》を示す必要があったんです。あれのために諸外国は日本を恐るべき国だということでですね、中国のような分捕りされたとか、占領されたとかいうことがなくって、結局日本が（ああなった）。そこには長州や薩摩が示した士魂というようなものがあったからだと。

ということと同じように特攻精神というものがですね、日本を救う大きな要素となった。私はこの特攻の精神、いざとなれば日本人は自分の命なんか投げ出してもやるんだというこの精神がですね、今後もやはり抑止力になるんじゃないかと、もしこれが簡単に手を挙げるというような、日本の魂であったなら、それが簡単に私はやってくる可能性がある。

しかし日本人はいざとなったらとことんまでやるんだという、これが迂闊に手を出せないんだという一つの大きな抑止力になっている、なりうるんじゃないかというふうに私は考えております、終わり。

●人命を消耗品視する考え方の蔓延

寺崎　はい、ありがとうございました。あの時間が少ないので、また意見はこの次に承りたいと思いますが、とりあえず平塚（清一・兵62）さん、何かあるか。

平塚　それではあの、あと三分ばかりのようですから、私が常々感じておったところを多分、先輩のみな様から怒られる意見じゃないかと思いますが、申し述べます。

私はガダルカナルが陥ちた後のニュージョージアというところで、八連特《はちれんとく》（第八連合特別陸戦隊）の参謀をやりました。一敗地に塗《まみ》れて撤退したわけであります。

そういう経験を土台にいたしまして、先般、六二期の私誌を作るというので、支那事変以来の戦史を一応、私なりにもう一回、確かめてみました。

そのニュージョージアの経験とその戦史を確かめたその結果に基づいて申しますと、もちろん一死《いっし》報国《ほうこく》というのは非常に貴重なところでありますが、日本海軍の上層の方はそれに頼りすぎていたんじゃないかという感じがいたします。全く末国（正雄・兵52）さん、中島（親孝・兵54）さんのご意見と同じでございますが。

と言いますのは、ニュージョージア上空において彼我の航空戦がございましたが、一発で火を噴いて落ちるのはみんな我が国の、我が海軍の飛行機であります。向こうの飛行機は当たりましても白い煙を噴くだけで、結構助かります。

それから私が着任した当時は、ガダルカナルの攻撃は毎日のように航空攻撃が行われておりましたけれども、これに対する搭乗員の救助の支度は全然ございません。したがいまして、海を泳いで泥まみれになって疲れ果ててニュージョージアまでたどり着いたパイロットがいくらもございました。いわゆるパイロットの救済手段というのは全然ございませんでした。

ところがアメリカのほうは我が方に攻撃を仕掛けてきますと、そのときには必ず救助の支度があります。潜水艦がちゃんと待機している。飛行艇が上空をちゃんと回っているということで、こういったパイロットはすべてこれをすくい上げて帰っておりました。

それからその後の戦闘について概観しますと、すべて玉砕《ぎょくさい》作戦であります。何ら救援、あるいは支援の手段がないにもかかわらず、死守せよという命令でいわゆる先ほど末国（正雄・兵52）委員が言われました必死の戦闘を強いられた。

これはそのまま一億総玉砕に通ずるわけであります。一億総玉砕を救われたのは、私は上層の方々もおられますが、陛下だったと思っております。

なんかその辺に海軍の伝統的な良い精神の一死報国ということがそれに頼りすぎて、人の命は消耗品だという考えがあったんじゃないかというふうな感じを、ひしひしと持っておるわけであります。

もちろん、だからこそ特攻作戦で救いのない作戦が下からの申し出があったにせよ、簡単に許されたということでないかと思います。

まあ先ほどお話を伺いますと東郷（平八郎）元帥なり、あるいは山本（五十六・兵32）長官なりまでは、とにかく人命を大事にして必ず帰還の方途を設けてやるという戦闘であったようですが、万やむを得なかったと言うならば、これは私は一億総玉砕の思想そのものではないかというふうに（思います）。ありがとうございました。

◉兵学校生徒を増やさずに兵科予備学生制度を作った事情

寺崎　何か土肥《どひ》（一夫《かずお》・兵54）さん。

土肥　いや、とくにありません。みなさんのご意見ごもっともだと思って感心して聞いておりました。

ただ一つ申し上げておきたいことは、昭和二十年に私は軍令部一課におりました。そのときの航空を担当する部員が、航空部隊にどっかに行くと必ず一億総特攻という言葉を使う。で、私はそれは使うなということでケンカした覚えがあります、ご参考まで。

寺崎　それではあの、時間がちょっと過ぎているようですけれども、大井（篤・兵51）さん何か。

大井　別にありませんが。

ただね、軍備をですね、兵学校の生徒をもっと増やせばよかったっていう鈴木（孝一・兵59）さんの話なんですがね、この問題が私は予備学生、兵科予備学生制度を作るときに、非常にあったんです。

というのはね、もっともあのとき私は制度を作ったのは、戦争が始まると思ってなかったんですよ。

日本の海軍は抑止海軍のつもりでやったんですから、⑤《まるご》を。我々のあれ（考え）では。しかしそのときのね、話では、海軍っていうものを良くしていくためには、良い士官を、良い指揮官を作らなけりゃいけない。

良い指揮官を作るには、日本の七〇〇〇万の人口のうちの壮丁《そうてい》は毎年七〇万です。七〇万のうちの良いのを選んで作らないと、兵学校の指揮官にはできないと。そうするためにはいい加減な者は兵学校に採用できないと。

そうするためには、いいものを集めるためには、やっぱり（海軍を）辞めてから、せめて辞めたときに恩給、まあ金の問題なんですけれど、かなりの生活を社会的に馬鹿にされないような生活を保障しなくちゃいけないと。

ということとすると、どうしても名誉大佐にはしなくちゃならなかった。あの頃の恩給で。

そうするということになると制限があるんですよ、採るのに。

そこであの当時、私は昭和十六年初期の段階では、やっぱりね、私の前の寺崎《てらさき》（隆治《たかじ》・兵

50）さんと同じクラスの人がやったのは、三〇〇人よりいっさい作っちゃいけないっていう、これが非常にあったんです。

ところが軍令部はね、人そろえればいいんだっていうことだったもんですから、九〇〇人にしたんです。

それで九〇〇人と三〇〇人のどれがいいか、お前、海軍省と軍令部と両方経験があるから、軍令部と海軍省の真ん中のあれ（立場）で公平に一つ計算しろってこと言われたんです。

そうするとどうしても、大野伴睦《おおのばんぼく》（元自民党副総裁）の足して二で割るより手はなくなったんです。自分のあれ（結論）が。

そして三〇〇人と六〇〇人とやってみてね、三〇〇人どうしても足りないから兵科予備学生を作ろうと、やっぱりね。

長く軍備をずっと持っていくからにはどうしたって、ただ数だけそろえるわけにいかんですよ。将校ですからね。指揮官で。

それが、指揮官が悪いと軍が全部いい加減になるからというわけで。

さきほどの七二期にいいのも悪いのもおったという話だけれども、その悪いのを作らないようにするためには、かなりいい人を作ろうという、まあ試験でやるんだからどんなの入ってくるか分かりませんがね、精神的に。どんなのが来るか分かりませんけれども、少なくとも悪いのを入れまいということで、限度が出てきたんですよ。

そういうあれ（事情）がありました。非常に真剣なこれは議論でした。

そうしたらいつのまにやら、最近なんか三千何百人だとかどんどんどんとあれ。

あの頃はみんながどうせ家におれば徴兵に採られるんだからって、軍隊に入ったほうがいいからっていうから、みんなが一高だとか何とか受けないで海軍に来てくれたから何千人か来てもね、いい加減なのが入らないで来たかもしれませんが。

私どもの頃は、私どもが計算した頃はやっぱり商業学校だなんだってみんなそっちのほうに行きますから、兵学校なんかに志願する人が少なかったんですよ。

それにはかなりいい人を採ると、陸軍よりももっといい人を作ろうということが、そういう制限がありました。

海軍士官を、いい人を指揮官を作らなきゃ海軍自体が駄目になるっていう感じからです。

寺崎　ありがとうございました。いろいろ貴重な意見を頂きまして、だいぶ時間も超過いたしましたが、これで今日は。

第六章

特攻を命令した責任から逃げる上官たち

【第六章・第七章の内容について】

第六章は昭和五十七年四月二十六日に行われた、第三十一回「海軍反省会」において議論された内容である。

『[証言録] 海軍反省会』の第四巻に収録されている。

第七章は昭和五十六年二月十三日に行われた、第十一回「海軍反省会」において議論された内容である。

『[証言録] 海軍反省会』の第二巻に収録されている。

ここでは、特攻の発端について疑問が呈されている。

そもそも特攻は作戦である、作戦であるということは、命令で行われるということに他ならない。誰がどこで発案し、起案して、誰が決裁したのか、実のところ、これが明瞭とは言いがたい。関係者がいずれもはっきり記録を残すことなく亡くなってしまっているからである。

ここでも鳥巣建之助《とりすけんのすけ》氏は、命令の根源は軍令部にあるはずであり、その決裁の時期の作戦部長である中澤佑《なかざわたすく》氏の責任について言及している。しかし、決裁者が発案、推進したわけではない。決裁者は決裁者としての責任は問われて然るべきであるが、本当の発案者と、その特攻作戦を推進した人物は、更に追及されるべきであろう。

現実には、特攻兵器と特攻作戦との採用を決定し、推進したのは軍令部そのものであるが、ここに日本海軍軍令制度の落とし穴がある。

軍令部は本質的に天皇の参謀本部であり、職員は天皇の参謀なのである。海軍における参謀は、顧問であって指揮官ではない。従って、本質的には命令は出せないのである。

軍令部は、天皇の命令である大海令を艦隊に取り次ぎ、艦隊に対しては、作戦の指導をするが、命令はできないのである。当然特攻を発案し推進した組織としての軍令部に一義的な責任があるが、戦術である特攻作戦の実施あるいは実施しない決断は、実施部隊の長である艦隊長官に決定権が移る。

実際、レイテ決戦において、特攻作戦を継続する第一航空艦隊に、第二航空艦隊が合流した際、第一航空艦隊長官の大西瀧治郎《おおにしたきじろう》は、第二航艦長官の福留繁《ふくとめしげる》に特攻作戦の実施を迫るが、福留は当初これを拒否して通常攻撃を行っている。結局は、通常攻撃が失敗して、福留も特攻に踏み切るのである。

これで分かることは、艦隊長官が特攻を拒否すれば、特攻の実施を強制することはできないということである。制度上、特攻作戦の実施が現場の長官に権限があるからこそ、大和特攻の時には、第二艦隊に連合艦隊参謀長がわざわざ、特攻をしてくれないか、と説得に行くのである。

しかし、回天《かいてん》や、桜花《おうか》のように、特攻にしか使えない兵器を生産し、七二一空のように桜花を装備した部隊を与えられた艦隊長官が、これを使わないという選択はできないのも事実である。

第七章の後半、大井《おおい》篤《あつし》氏が、特攻については、作戦部長以上に黒島《くろしま》亀人《かめと》が動いていたことを述べている箇所が注目される。

◉大和特攻と宇垣特攻はやはり間違っている

野元　私は一時済州島《さいしゅうとう》の木更津航空隊の副長を数カ月やって、そのときに南京空襲に頻繁に行きまして、敵弾の下をくぐったもんだから、これは（旅順《りょじゅん》）閉塞隊以上だと私は搭乗員のあれ（苦労）を体験しておるもんですから、こういうことを言う。

特攻作戦というのは、銘々の、個人個人の日露戦争のように（旅順口閉塞隊員志願者）二〇〇〇人から七七人選んだようなああいうようなことで行くのが本当であって、部隊を指定して、第二艦隊（長官伊藤整一《いとうせいいち》・兵39）の沖縄特攻をやらせたら、あんなの特攻の間違いだよ。

それから、終戦の発令後、第五航空艦隊長官（宇垣纏《うがきまとめ》・兵40）が艦爆を率いていって自殺。突入した。

自分で腹を切るかなんかすればいい。

あれは航空部隊の統率ということは、先ほど今ちょっと申します、非常に難しいものであって、そういう決死的のことを指揮官が体験を持っておるのとおらないとでは、ましてや航空以外から入った人間が、副長なり司令なんかになったら大変なことなんです。

これは三代《みよ》（一就《かずなり》・兵51）さん、ご同意頂けると思うんですがね。とにかくあれだ。大変ですよ、飛び入りの航空指揮官は。

僕の次の次に瑞鶴《ずいかく》艦長になって、沈んだ貝塚《かいづか》（武男《たけお》・兵46）っていうの。あれなんか飛行長（相生高秀《あいおいたかひで》・兵59）に艦長黙れ、って言われたんでね。そんなひどいことになるんです。

航空も少し統制を乱すけれども、指揮官としては、もっとそのやり方が難しいけれど、あれしなきゃいけない。まあそういうのであって、航空っていうのはなかなか難しいです。

どうも、これは決死の私の体験で、これは旅順口の閉塞隊よりもっと危ないっていうことを私は体験しているから、相当それは艦長としての命令の出し方その他普段の交際その他、おだてちゃいけないし、ガーガー言っちゃいけないし、難しいっていうことを非常に体験して。それからこういうのはなかなかもっとひどくなるんだろうと。

指揮官と幕僚。何だかあんまりこう、ちょっと。

◉情けないGF長官・豊田副武

三代　あの、特攻作戦の件でですね。ちょっと申し上げておきたいんですが、この沖縄特攻ですね。

第二艦隊のこれに対してはですね、あのときの（連合艦隊）長官が豊田副武《とよだそえむ》（兵33）さんですね。
あの人がこう戦後書かれたやつにですね、沖縄で海陸両方とも現地部隊が、もう終末に近づいていると。
そういうことを何もその助けることをできないでうっちゃっておくということはどうも忍びなかったと。それだもんだから（やった）。

野元　まー気分はそうだろうがね。

三代　乗り上げてですね。陸上砲台の代わりになってやろうというつもりだったんだというようなことで。

野元　まーそれは僕は見ていますがね。それは長官としてのエクスキューズですよ。

三代　そうですか。それだから私は同情を持っているんですよ。

野元　神重徳《かみしげのり》（兵48）がメチャクチャに働いてああなったんだと思うんだ。僕は。
神っていう男は、随分、第一次ソロモンのときは随分弱いことを言っているんだ。
内地におると偉そうなことを言って、現地におると弱いんだ。あいつ。

三代　まー宇垣（纏・兵40）長官のやつ（特攻指導）に関してはですね、私はもっと具体的に考えているわけですが、これはここではやめましてね。時間がないですから。

野元　航空方面の所は別、全統率力の所を。

これはね、GFの。日吉《ひよし》の穴の中にいてね、それは二艦隊じゃないけれども、栗田《くりた》（健《たけ》男《お》・兵38）艦隊に「天佑《てんゆう》を確信し全軍突進せよ」なんてね、日吉の穴の中からあんなことがなぜ言えるの。

ね、そのようなことと併せて、二艦隊に。参謀長（草鹿《くさか》龍《りゅう》之介《のすけ》・兵41）もあんまりよく知らないんだ。あれ、旅行中で、ね。

神（重徳・兵48）が軍令部と相談してあんな電報を打ったらしい。そうらしいけれども、長官は何をやっているんだ。あとからそんなエクスキューズしたって何もならない。私はそう感じた。

◉元軍令部一部長・中澤佑への疑問

三代　終戦近くですね、特攻隊司令を志願したわけなんです。

それで、人事部員と三十分、私のクラスのやつと議論しましてね。貴様がそれまで言うなら貴様の望みを達してやろうということで終わったんですが、それからどういう指令が出るかと思っておったところが、電話かけたらもう貴様は軍令部だよと。だから早く着任しろとこう言われましてね。

行きましたら結局あれは、何でしたかな。

その人が、今の問題はＢ29の問題だから、それを君は全力を尽くして研究しろと言われまして、特攻なんか後回しだと言われたんですけれども。

結局それから一カ月足らずのうちにですね、まあ終戦になってしまって私は特攻に行かんで、済んじゃったわけなんですけれど、そういうこともありましてね。

鳥巣　約二十年くらい前『文藝春秋』に載った中澤《なかざわ》（佑《たすく》・兵43）さんの「嶋田大将は名将である」という文章を読んで、私は中澤（佑・兵43）さんという人に疑問を持った。

その後、『海軍水雷史』（一九七九年、海軍水雷史刊行会）という本を中澤（佑・兵43）さんが会長で出版したが、私もその会に出ていた。

その会合の席上、中澤（佑・兵43）さんは、「特攻は各艦隊が勝手にやったものであって、軍令部は関知しない」と言われた。

この発言に対して私は「回天《かいてん》特攻だって神風特攻だって、海軍省・軍令部が企画したものではないか」と言って、強く反駁した。

そのようなことから私は中澤（佑・兵43）さんの人間性について疑問を持つものである。中澤（佑・兵43）さんが軍令部一部長のとき、インド洋で我が潜水艦の乗員が、撃沈した船の乗員を銃殺する等のことをやり、その関係者は戦後、戦争裁判にかけられている。

この、潜水艦で撃沈した船の乗員を殺すということは、ヒトラーの着想したもので、船の乗員を殺戮《さつりく》することによって、連合国の戦争能力の低減を図ろうとするものであった。ヒトラーからこの件を言われた大島《おおしま》（浩《ひろし》・士18）大使はこれに賛成して、参謀本部及び軍令部に伝えたという。

そこで軍令部から六艦隊、潜水戦隊の司令部に指令が出て、潜水艦にそのようなことをやれという指令が出たらしい。ところがドイツではデーニッツが強硬に反対して、そのようなことは行わなかったという。このようなデーニッツの人道に反せぬ信念一徹ぶりに比し、日本海軍の態度は反省の要があると思う。

豊田　その件については、市岡《いちおか》（寿《ひさし》・兵42）さんが潜水戦隊司令官着任の挨拶のため軍令部に出頭したときに、中澤（佑・兵43）部長から口頭で言われたというのが証拠となって、中澤（佑・兵43）さん、井浦《いうら》（祥二郎《しょうじろう》・兵51）さんなどが戦争裁判にかけられている。

第七章

特攻を指示したのは誰か

◉「特攻を中央から指示したことはない」という中澤佑証言の正否

鳥巣　ちょっと今お配りしました、これをちょっと見て頂きたい。

昭和五十二年七月十一日に、中澤佑《なかざわたすく》さんが水交会《すいこうかい》で講演をやられて、そのときに特攻については中央から指示したことはないということが最後に出てます。

あれは、私は頭にピンと来たわけですよ。

実はね、あの中澤さんがあそこで講演される一年以上前に、東郷神社でやはり打ち合わせがあったときに、中澤さんが中央で特攻を指示したことはないと同じことを言われたわけです。

私は冗談じゃないよと思った。そういうことを言われるようなこの水交会に、わしは拒絶したいと言ったことがあるんです。

それでね、そのことをこれに詳しく書いてありますので、それは中澤さんはですね、誠にその点がけしからんと私は思うんですよ。

三代　僕の知っている範囲においてはね、特攻隊の生みの親の大西《おおにし》（瀧治郎《たきじろう》・兵40）さんが（一航艦長官に）赴任する前に軍令部に来たわけですよ。

軍令部のほうでは、総長と次長と部長とね、それから中澤課長がおられたんです。

その場所でもって、やっぱりあれ、今の海軍航空隊の連中の実力じゃ到底敵を攻撃するなんてことはできないから、それは体当たりでもやるほかしょうがないでしょうと、こう言ったところがですね、みんな黙っちゃったと。

そして結局、口を開いたのは及川《おいかわ》（古志郎《こしろう》・兵31）さんであってね。及川さんが、それはやむを得んだろうと言う。

しかし、君のほうから命ずるような態度をとってはいかんぞと。

ところが、志願してくる者があればね、その人を採用してやってくれと。

君のほうから強制してはいかんということを言われたんです。それは書いてあるんです。

鳥巣　いや、それはあくまで飛行機だけの話であってですね。その前に大海指四三一と四三五号に、連合艦隊の準拠すべき当面の作戦というのが七月に出ているんですよ。

そして、それによるとですね、とにかく特攻作戦をやれということがもう出て、既に神風特攻よりずっと前に（特種奇襲兵器として）回天《かいてん》の採用をしているわけです。

それは読んで頂ければ、それは特に何かといえば、十九年三月に大本営が企画していて、もう我々にやれと言っているわけです。これは流れましたけれども。

そういうのがありまして、回天はですな、もう既に計画採用して、神風より遅くなったけれども、実際の計画はもう中澤さんがおられるときにやっているわけですから。それをね、俺は中央では指令した覚えがないなんていうことを言われたこと自体おかしいんですよ。

三代　いやいや、それは時期が違うんじゃないかと。

鳥巣　いや、違いませんよ。

土肥　今の問題ね、みなさん、ちょっと待ってください。

この問題ね、中澤さんが講演されたときに、妹尾《せのお》(作太男《さだお》・兵74)君が質問したんです。軍令部で特攻作戦を認めたんですかと。

そうしたら、中澤さんが、俺はそういうことはないと。土肥《どひ》(一夫《かずお》・兵54)君に聞けと私の背を叩いたんです。

これはね、今のお話の大西さんとの話じゃなくて、そのはるか前に回天も桜花《おうか》も、④《まるよん》艇もみんなね、海軍省で決めて建造を始めてるんですよ。

そうするとね、特攻を軍令部一部長ともあろうものが知らないというのはおかしい、ということうんでしょう、鳥巣さん。

鳥巣　そうなんですよ。

三代　しかし、それは分かるけれどもね、それは時期が違うと思うんだよ。だから、その兵器が体当たり式のあれじゃないとこう思うんだ。

鳥巣　いや、そうじゃないですよ。それは読んでくださいよ。これはね、中澤さんがね。中澤さんがおられる間にですよ。

三代　中澤さんの言うのはね、飛行機による特攻なんだよ、あれは。回天とか何とかというあれは黒島《くろしま》（亀人《かめと》・兵44）だよ。あの人がやってくれと言うからしょうがなくて海軍省でやったんだ。

野元　これは統率上の大きなテーマとして、これをやって頂きたいと思う。

鳥巣　でも、中澤さんに対してはね、けしからんと。少なくともその中澤さんが、自分が知らなくてもですよ、中央でそれをやっているならば調べてですな、なるほど、俺が軍令部作戦部長をやってたときにこういうことをやったんだということをね、当然中澤さんは知っていなきゃならんはずですよ。

◉「震海」への反対意見に激高した黒島亀人

大井　私は昭和十八年の秋に軍令部の一部の戦争指導課におったんです。

そうしたらね、黒島亀人さんの所に、私のコレスの浅野卯一郎《あさのういちろう》（機32）、あれがおりましてね。特攻兵器の研究をやっておったんです、艦政本部から来て。

そして、S金物《えすかなもの》というのができたと。

これを使うというとね、こちら一人で一〇〇〇人を倒すだけの力があるというようなことを言っていた。

私はお隣の部屋だったわけです。それからね、我々の所へ来たんです。

私は、そんなこと言ったってね、貴様は一番真っ先の先頭に立つ一人は槍の穂先だよと言ったんです。後のほうがだんだんやられたら、このほうが損じゃないかと言って、私は反発したんです。

それからは一切、浅野は同じコレスなのにかかってこないで、隣の高松宮《たかまつのみや》（宣仁親王《のぶひとしんのう》・兵52）に会いに行くわけだ。

高松宮はあの通りだ。ああそう、ああそうと聞いておるんだ。

それでね、それから私の戦争指導課の力というのはほんのわずかで、当時はやっぱり中澤さんが一部長なんです。

しかし、ただ私、中澤さんのために弁護するとすれば、これは非常に強く、黒島さんが推進しているんです。それだから、中澤さんはあんまり印象なくて、これにハンコを押しているかもしれない。しかしね、それはあるだろうと思うんです。

鳥巣　実はね、今の黒島さんの話ですが、この指令が出るもうちょっと前です。十九年の五月だと思いますがね。震海《しんかい》という、これはやっぱり特攻兵器なんです。これを呉工廠で造りましてね、これの審査会を呉工廠でやるということになりましてね。私は六艦隊の水雷参謀で立ち会わざるを得ない。私はその審議会の前の日に、いわゆる特殊潜航艇をやっている基地に行きまして、それを見たんですよ。

まるでどん亀みたいな、どん亀というのはいわゆる亀ですな。スピードは出ない。しかも、操縦性は悪い、視界はほとんどない。

それで、そのパイロットに、どうだいと聞いたら、とてもじゃないけれどもこんなものは使い物になりませんと。スピードは遅いし、操縦も困難だし、これで狭水道通過《きょうすいどうつうか》だなんていうのはほとんど困難ですと。

私どももそうだと、同感ということですね。

次の日の呉工廠で、黒島さんが当時二部長ですかな。特攻でこれを使うつもりで見えたわけですから。

もう既にそのときにですね、採用しているのと同じなんですよ。

それで六艦隊から私が代表で行きまして、それで審議会の時に私がね、この兵器は使い物にならんと。こういうものは六艦隊としてはお引き受けするわけにいきません、とやったんです。

そうしたら、黒島さんがね、この国賊《こくぞく》、と、国賊にされましたよ。

私は何を言うかと思ったんですがね。あちらは海軍少将ですから、少佐ぐらいのやつはもう平気。

そういういきさつもあるんですよ。

わしはそういうことばかり言うてもね、黒島さんが特攻兵器を徹底的に推薦したのがよく分かります。だけれども、同じ大本営におった中澤さんがそれを知らんはずもないし、また知らなくたって調べれば自分がこういうものの指令を出しているわけですから。

それをぬけぬけとですよ、失礼だけどぬけぬけと、中央では特攻を指示した覚えはないと。

しかし、特攻というのは水中特攻もあるしね。航空特攻もあるし、またそういうことが大本営のいわゆる無責任といいますか、責任回避ということに対してわしは許せないんですよ。

◉大本営からの指示以外の何物でもない

三代　航空隊の特攻を始めた大西さんが出かけるとき、及川さんから強制的にやるのはいけないぞと。希望者を募ってやれと、こう言われたんですね。

そういうことがあったわけです。

それとこの特攻の方法はね、自分の所じゃなくて、二部長の黒島亀人がそっちはやっていたんだから。それで、そちらが担当だから、そういうことで、言い逃れであるなという気は、実は僕は思っていたんですよ。

寺崎　それは中澤さんの伝記が出たわけだ。

それを見れば、大西さんが出発するときのあの特攻だよ。飛行機の特攻だ。

水上のほうはね、書いてないな。要するに、S金物とか回天とか、あれの特攻はああいう既定どおりのことだ。

ただ、フィリピンでの飛行機による特攻作戦ね。

あのことに対して大西さんが、出発が十月の十四日になったと聞かれたと、実は日取りが少し違っているらしいよ、行かれるとき聞いたのは。それは及川さんが直接、そういうことは命令できないということを書いてあるな。だから、混同しているんじゃないかな。

鳥巣　いや、混同というか何かね。

その今の飛行機以外の特攻兵器に関しては、自分が関知していないというようなことを言っておったわけですよ。

大井　桜花みたいなものもあったけれども。あと、私の所で、浅野（卯一郎）が持ってきたのは。十八年の七、八、九、十月ですから。十八年なんですから。

鳥巣　それから、実際水中特攻で使ったのが回天なんですけれども、回天が出撃したのは十一月九日なんですよ。そして、実際ウルシーで奇襲したのは十一月の二十日ですからね。

これはもう完全な特攻だし、しかも中澤さんが作戦部長のときであるし、しかもこれを最初に指令したのは（早い時期に）大本営の藤井《ふじい》（茂《しげる》・兵49）参謀が来てですな、連合艦隊をそっちのけしたような状況ですね。ほとんど大本営がこれは指示しています、実際は。

それは連合艦隊では通しますよ。通すけれども、ほとんどが大本営がやれやれ言ってやったんですから。

そういうわけですからね。中澤さんのこの中央は指示していないということはね、これは嘘であるということをここで申し上げます。

第八章

変人参謀・黒島亀人と特攻

【第八章の内容について】

本章は平成二年一月二十六日に行われた、第百二十回「海軍反省会」において議論された内容である。

『[証言録] 海軍反省会』の第十一巻に収録されている。

本章で、最も注目されるのは、特攻の真の推進者であった黒島亀人《くろしまかめと》についての鳥巣建之助《とりすけんのすけ》氏の憤懣《ふんまん》であろう。

鳥巣氏は第六艦隊（潜水艦隊）の参謀として、黒島が次々に実用性の全くない水中特攻兵器を持ち出してきたことについて、会議での場の様子を発言している。実戦で使えそうもない兵器に対して、鳥巣氏が反対すると、黒島が「国賊」と罵《のの》った場面は、特攻発案者の精神状態をうかがわせるものがあるように思われる。

次いで戦艦大和の設計主任を務め、昭和十九年に艦政本部に移っていた牧野茂《まきのしげる》氏は、昭和十九年三月に、軍令部から各種の特攻兵器開発の要求があったことを述べている。特攻作戦は、これまで考えられて来た時期よりも早くから計画されていたことを証言している。

また、「海軍反省会」の幹事であった土肥一夫《どひかずお》氏は、編者に「私が昭和十九年の一月に軍令部参謀になって着任したら、黒島さんが次の作戦は体当たりをやると言うので、最初は変なことを言うなあ、そのくらいの気持ちでやると言うことなのか、と思っていたら、本当に人間ごとぶつけるというので驚いたことがある」と、黒島が昭和十九年の初めには特攻作戦を実施することを考えて動いていたことを話していた。

いずれにせよ、特攻作戦の問題は、太平洋戦争を考えるとき避けては通れない問題である。このような作戦を考えたことも異常だが、それが正式に採用されて、特攻兵器が開発、生産され、特攻部隊が編成され、実際に作戦が行われたという歴史的事実は、改めて検証されなければならないと思う。

戦後七十三年を経て、戦争体験者の証言を聞くことはほとんどできない今、「海軍反省会」のメンバーが残した証言は、断片的であるとはいいながら、貴重なものであると思っている。

◉内藤初穂著『桜花』英文版への反響

牧野　私、発言していいですか。

『戦藻録』が今度翻訳が刊行されるというお話ですけれども、『桜花』（一九八二年、文藝春秋）というこの飛行機ですね。

あれ、内藤《ないとう》（初穂《はつほ》）君が書いてね、それでみなさんお読みになっておるか、もう設計の最初から最後まで詳しく書いた、これに近い本ですよ。

内藤初穂という人は、昭和十七年に東大の船舶を出たんですが、船舶の学生ではなくて、造兵の航空のほうの学生になっておったから、まあ、船舶の中ではちょっと変わり者のほうですが。

彼は戦後、あれのお父さんはフランス文学者の内藤濯《ないとうあろう》という大フランス文学者なんですが。彼の息子で、結局戦後は作家にだんだんなってきて、今は立派に（文学者として）通る。

昨年ですか、「軍艦総長」（『軍艦総長・平賀譲』一九八七年）という本が文藝春秋社から出て、あれが二万部ぐらいになって、二万を超すと一流の文学者と認められるんだそうですね、もうたちまち売れてきて、三版目から私が直してやったのがその後、入ってます。

それで、その『桜花』ですね、これが出版すると同時にアメリカで目を付けられてね、出版の話が来たんです。その英文、米国ですけれども、英文の『桜花』（*Thunder gods the Kamikaze pilots tell their story*, 1989）が去年の九月頃だと思いますが、丸善から日本では発売された。アメリカではもう春に発売されているんですが。

それで発売されて今度はジャーナリストがその『桜花』を読んだ印象をたくさん書いている。

それは全部、スーサイドというか、自殺行為ですね、これを日本の軍人が平然とやったということに脅威を感じて、桜花そのものを作ることの苦心というようなことは、もう何にも評論には入ってなくて、もう日本人はこういう恐ろしい人間だというような評論がたくさんの新聞に出ているんです。

その評論のほうですね、桜花の着想からデザイン、訓練、そういうことは何も言ってなくて、とにかくその桜花でアメリカ人が、日本人の国のために自殺をあえてそれをやるということが、不思議でたまらんというような感想を持っている。

すべての批評がそこへ集中しているんです。非常に面白いと思うんです。それコピーを取ってね、みなさんの資料にお使いになると参考になると思うんですよね。

大井　今の時局に合うね、日本人は違った国民だと。

◉宇垣纏が指揮した特攻隊はどうなったのか

千早　それからもう一つですね、それにちょっと関連して、今、申し上げたいのは、今度の本にはもちろん出てこないんですが、これは日記ですから。

宇垣《うがき》（纏《まとめ》・兵40）さんが特攻ということで、あすこ（大分基地）で飛行機を用意さして出て行かれた。

これはアメリカの、昔兵学校を出て弁護士になった男で、特攻を調べまして、その問題を徹底的に調べました。宇垣（纏・兵40）がどうなったかということで。

これは確か一二機ぐらい、はっきりした数は覚えていませんが、用意して、実際に向こうに行ったのが六機だったか七機なんです。これは全然アメリカの艦隊に近づいていないんです。

これは兵学校出ですが、後から弁護士になったんですが、あれは日本に幸いであった。あのときにあの部隊がアメリカの部隊に来て、アメリカに傷を負わしたら、これは真珠湾どころじゃなかった。真珠湾は騙し討ちと言われたけれども、これはもともと意図的じゃなかった。

ところが宇垣（纏・兵40）さんが突入して行ったときは、陛下からも、もうすでに降伏受諾の勅語が出ておって、それを一つの艦隊長官が犯して、そういう傷を負わしたということだと、これこそ騙し討ちだ。だから戦後の日本のいろんな取り扱いは非常に画期的に悪くなっただろう、ということを言っておりました。これ、ご参考までですが、これはもちろん今度には出てきませんけれども、まあ、そういうこともあります。

●特攻の熱心な推進者・黒島亀人

鳥巣　黒島《くろしま》（亀人《かめと》・兵44）さんのことですが、私はここで二、三回、申し上げたと思いますけれども、あの方は第二部長になって、結局特攻ばっかり考えておられたんですな。

それで特攻もあの人の考えた特攻はね、私なんかに言わせるとね、全く使いものにならない特攻をやっているわけですよ。

その一番最初はね、私は六艦隊の参謀に着任した直後に、特四式内火艇というやつを、これは黒木博司《くろきひろし》（機51）、それから私の一号にあたる藤森《ふじもり》（康男《やすお》・兵56）の二人で考えて、これは水陸両用戦車なんだ。これでマーシャル群島のメジュロ、またはクエゼリンの敵の機動部隊を奇襲しようということで計画したんです。これは結局はものにならなくて、流れました。

その間、私がそれと非常に関係深くて、藤森（康男・兵56）さんとは、もうことごとに喧嘩しまして、こんな兵器は使えない、と言うので、結局は最終的にはものにならなかったわけですが。

その次にですね、これは話しましたが、Y金物《わいかなもの》（特殊潜航艇、震海《しんかい》）などというのをやっぱり軍令部が考えたんです。これに一番熱心だったのは黒島（亀人・兵44）さんです。

それでこれは、あ号作戦の後なんですけども、呉の工廠でですね、これの審議会がありまして、私はその前の日にその試作されたものを見ているんですが、パイロットにも聞いて、それでこれを潜水艦に乗せて奇襲すると、特殊潜航艇みたいなものですよ。

ただ、特殊潜航艇と違うのは、水中を行って、敵の船の艦底に（爆薬を）付けて、そして爆破しようという、イギリスやイタリアが考えた特攻兵器と同じようなものです。

私はそれを見ましてね、とってもこれは使いものにならん、というので、審議会に出たんですが、黒島（亀人・兵44）さんが当時、非常に熱心で、見えてましてですね。

そこで、これを使う六艦隊はどうか、と聞かれましたときに、私は、当時六艦隊は再建中だったんですが、私は責任者として出まして、そしていろいろ説明をしながらですね、使いものにならない、六艦隊は反対だ、とはっきり私は言うたらですな、黒島（亀人・兵44）さんがすっくと立ち上がって、

「この非常時に反対をするやつがおる。国賊だっ」

て言われました。

私は「国賊」って言われたわけなんですけれども、腹の中でですね、軍令部はこういう兵器をね、全然検討もしないで使う馬鹿なほうが国賊じゃないか、というのを私は腹の中で思ったんです、それが一つ。

要するに黒島（亀人・兵44）さんに国賊と言われたのが恨みを持って私は黒島（亀人・兵44）さんの悪口を言うわけじゃありませんけれども、まあ、そういう非常に偏った考え方の人である。

黒島亀人

◉黒島亀人は人間的にも問題があった

鳥巣　それからもう一つですね、潜水艦長で内野《うちの》（信《しん》

二《じ》・兵49）さんというのがおるでしょう。

内野（信二・兵49）さんがですね、ドイツに行って、伊の八でドイツから帰ってきてシンガポールへ着いたわけです。これは（ドイツに）五隻行った潜水艦の中で唯一の成功した船です。

その苦心惨憺《さんたん》し、万里の波濤《はとう》を乗り越えてシンガポールに帰港しましてね、そして（内地に帰って、軍令部に行った）、当時二部長が黒島（亀人・兵44）さんですよ。それで挨拶に行った。

そうしたらですね、当然大変な苦労して帰ってきたんですから、まあ、参謀長としてはですね、ああ、ご苦労だった、とか、まあ、部屋に来い、とか、あるいは、今晩は一つ接待してやろう、とかいうのが普通ですわね。

ところが、廊下でちょっと会うて、ほんの十秒か二十秒で、ふんって鼻であしらうようにして、そのまま行ってしまった。

それで、内野（信二・兵49）さんは、何という冷たい男だ、ということでね、もう内野（信二・兵49）さんは黒島（亀人・兵44）さんに対しては非常な不愉快に思った。

そしたらそれを聞いてですな、あの人が鉄砲屋で、潜水艦なんか全然鼻もひっかけなかったということを私は非常に痛感しまして、人間としてもね、まことに冷血な人間であるということをね、痛感しておるわけなんですが。まあ、内野（信二・兵49）さんという人は、先ほどの千早《ちはや》（正隆《まさたか》・兵58）君が言うと同じような、それをなるほどと思うようなことを痛感しているわけです。終わり。

◉大和の艦橋内部構造にうるさく意見を言った渡辺安次

寺崎　その他、私、もうちょっとありませんか。

牧野　渡辺安次《わたなべやすじ》（兵51）君は、昭和十五年ですか、連合艦隊司令部が大格上げされてね、十五年の秋かな。それで、そのときに司令部の設備が大和《やまと》はどうなっているかということを、呉に相談に来たんです。

それで、幸い艦橋の実物大模型がまだ残っておるときで、それでこうなっていると（説明した）。

そしたら、艦橋についてもいろいろコメントがあったんですが、中甲板の司令部諸室ですね、幕僚事務室、それからその隣に庶務室がありますね。それがもう全然今のグランドフリート（GF）には不適当な設備だと。こういうふうに変えろ、と。

ここがもう十五年の秋に繰り上げでもうこっちは急いでやっているときだったんです。それでなかなかその通りにはできなかったけれども、私は最大限に譲歩して、中甲板の作戦室なんていうのを、なかったやつを、ほどほどの割合に広い部屋をとったんですが。

一応大和には差し当たり間に合うようにこうしようということで、決めたのが大和なんですね。

武蔵《むさし》には、もっと根本的にそれじゃあ、考えてやれよ、ということで、彼とはだいぶ激論もしましたがね、非常に懐かしい。

戦後、海上保安庁の技術部長をやっているときにも、非常に縁がありましてね。まあ、非常に私は、いろいろ異論はあるかもしれんけれども、面白い人だと思っております。

◉大和の実践面で非常に重要だった黒島の指摘

牧野　それから、大和が十六年の十二月十六日に完成して、しばらく訓練をやって、昭和十七年の二月の十一日に旗艦になったんですね。

それであれが竣工して旗艦になるということに決まったときに、連合艦隊司令部から膨大な防御増強の要求が来たんです。それで、これはもう中には非常にいい意見もあったんです、あとで言いますが。

その第一に大和は爆弾に対する防御が非常に希薄だと。ことに副砲の一番砲塔ですね、あれは最上の砲塔をそっくりそのまま載せているもんだから、防御はもう一インチの甲鈑ですね。

それで、それに対して、これはもう全然いかん、と。それから火が入ったら火薬庫へ火が入って、それからすぐ前に二番砲塔、主砲の火薬庫はたくさんあるんですから、これは爆弾防御に適するように防御をしろ、というような要求はもう重大な要求なんですよ。そういう要求が出たんですね。

私はこういう考えで、途中に防炎をやっているから、炎が入ることはまずないんだと、こういうようなことを。しかし、これはやはりよく検討すると、おざなりのところがあって、もう隙間なしにこの（火を）止めるようなふうに改造しようと。

だから大和は竣工間際になって、副砲の砲塔を全部下ろして、それで炎が入らんように防炎を、今度は弾片が入らんように防御を増やすと、こういうものをやったんですが。

それで、長門《ながと》から大和へ旗艦変更と。それで黒島（亀人・兵44）さんが主として、私と対応をやったんですよ。私の言うことで一応満足された。

それでお昼に長門で紀元節の祝賀の大宴会、旗艦変更の大宴会があって、私は幸いにして山本（五十六《いそろく》・兵32）長官に盃を頂戴をした。長官はあんまり細かいことはご存じなくて、話が終わったら、やれって一杯もらいました。それが長官と最初にして、最後のご面会でした。

それで、そのとき黒島（亀人・兵44）さんの話はいろいろあったんですが、一番いいことはですね、舵取り機械の防御がこれじゃあいかんと（予備動力が確保されていない）。電池をたくさん持って、二次電池で一時的に間に合わせるようになっているという説明をしたが、それじゃあ、駄目だと。

それで結局ディーゼルエンジンの小さいやつをこういう甲板の上へ置いて、それに六インチの、一五〇ミリの防御をしろと。そういうことを言われましたが、これは、なるほどなと思ってね、それ実行したんです。

これはね、操作を覚えていますが。これがね、役に立ったか立たなかったかという、ここが問題なんですが。

大和の最後のときですね、舵の故障は実際に本当の電源が切れたときに応急電源をディーゼルで油圧ポンプを回して、舵はすぐに復旧して、何ら戦闘に支障がなかったということが、文庫本にもなって出ておりました。

日本銀行の人が通信士か何かで乗ってて、『戦艦大和の最期』（吉田満著、一九五二年、創元社）という本を、確か最初に映画になったやつですね。

あれは本当にいいことをやってくれたんですよ。おかげで大和は、舵故障をすぐに復旧することができた。しかし、ずいぶん苦労をしました。

◉軍令部から出た特攻兵器作成依頼

牧野　それで、その後、私は（艦政本部で）基本計画の担当をやっておりまして、最後には設計主任もやっておったんですが、ちょうど私はサイパンの頃に、そのとき黒島（亀人・兵44）さんは二部長になってましたね。

黒島（亀人・兵44）さんのところへ行ったんじゃなくて、（軍令部に）何か相談に行ったたら、三課長（山岡《やまおか》三子夫《みねお》・兵49）は、俺がものを言っても部長がふん、と言う、直接部長に会えって。

それで私は彼のところへ行ったら、ああ、久しぶりだなあって。

それでいろんな話をしたんですが、あ号作戦を、まあ、下手な作戦をやったもんだ、とかと言っていて、何か机の上に足載せたような恰好で、まあ笑い話みたいなことで、もうこれで飛行機もなくなっちゃったし、船もなくなっちゃったなあ、そんなようなことを言っておられましたが。

そして、三月に軍令部から、これだけのものを作ってくれりゃあ、必ず戦争は挽回できると。こういう書類が軍令部から出た。

これは一から九まであって、その中に回天《かいてん》もあり、震洋《しんよう》も入っております。それから今、鳥巣（建之助・兵58）さんが言ったやつはね、⑨《まるきゅう》（震海）と多少関係ありますね。⑨《まるきゅう》っていうのは、水陸でも行ける小型の小さい潜航艇みたいなものを造る。⑨《まるきゅう》は二いろありましてね、あれですよ、半分のほうを引き受けたんですが、結局ものにならずに立ち消えになっている。

結局、④《まるよん》（震洋）だけが実現した。それも初めの要求はもう実に困難ですね、とても（軍艦は）沈みやせんと思うような提案なんです。こんなものじゃあ駄目だから、しかも量産をすると。

それで震洋を結局七一一隻ほどを造りました。それはもう大変な数です。軍令部の考え方は、船が沈められる炸薬量じゃないんです、商船がですよ。まあ、あとでまた（炸薬を）付け足しましたけれども。

寺崎　ありがとうございました。

〈本書における発言者〉

この名簿は、本書に発言を収録した海軍反省会会員の昭和期の主な職歴を記載した。括弧内の数字は、兵は海軍兵学校卒業期、機とあるのは海軍機関学校の卒業期を示す。年度のみの記載の箇所は、当該年度の現役海軍士官名簿によった。空白部は不明箇所である。(50音順)

有田雄三（1899～　）（兵48）大佐　16, 7, 31第3戦隊首席参謀。18, 2, 5呉鎮守府首席参謀。19, 8, 1海鷹艦長。20, 3, 15水雷学校教官。20, 5, 5軍令部首席副官。

泉　雅爾（1906～　）（兵53）大佐　海大35期　16, 4, 10第6艦隊参謀。17, 3, 5第三潜戦参謀。17, 11, 12出仕。18, 1, 10軍務局員（1課)。18, 5, 1兼潜水艦部員。19, 1, 15第七潜戦参謀。19, 4, 1兼第85潜水艦基地隊司令。19, 8, 1教育局員兼軍令部員。20, 4, 1横鎮出仕。20, 5, 20横鎮参謀兼第1特攻戦隊参謀。

市来俊男（1919～2018）（兵67）大尉　16, 陽炎航海長。17, 青葉分隊長。19, 兵学校教官兼監事長。

内田一臣（1915～2001）（兵63）少佐　16, 大和分隊長。19, 横須賀砲術学校教官兼研究部部員兼技術研究部部員。

扇　一登（1901～2004）（兵51）大佐　16, 1, 20調査課先任局員。19, 7, 21駐独武官補佐官。20, 4, 1スウェーデン公使館付武官。

大井　篤（1902～1994）（兵51）大佐　14, 12, 1第2遣支艦隊参謀。15, 12, 2軍務局員。16, 10, 31人事局1課先任局員。18, 3, 15第21特根参謀。18, 7, 19軍令部1部員。18, 11, 15海上護衛総隊参謀。19, 10, 25兼連合艦隊参謀。

小池猪一（1923～1997）（14期飛行予備学生、要務士）中尉。

佐薙　毅（1901～1990）（兵50）大佐　14，12，５連合艦隊航空参謀。15，11，15軍令部員。17，６，15軍令部作戦班長。18，11，22南東方面艦隊兼第11航艦主席参謀兼第八方面軍参謀。

末国正雄（1904～1998）（兵52）大佐　16，９，１第５戦隊参謀。17，７，14第３艦隊参謀。19，２，15人事局員。19，10，15艦本出仕兼人事局員。

鈴木孝一（1911～　）（兵59）少佐　15，武蔵分隊長。19，大淀砲術長兼分隊長。

曽我　清（1902～　）（機31）大佐　16，艦政本部員兼技術会議議員。19，艦政本部員兼海軍省出仕。

田口利介（1911～　）報知新聞記者、黒潮会会員　14，海南島方面従軍。16，海軍省嘱託，大本営海軍報道部勤務。18，応召，ハルピン特務機関。

千早正隆（1910～2005）（兵58）中佐　17，10，10第11戦隊参謀。18，７，１海大学生。19，３，15第４南遣艦隊作戦参謀。20，２，１連合艦隊参謀。

寺崎隆治（1900～1996）（兵50）大佐　14，５，15軍務局員。16，10，１南遣艦隊参謀。18，３，16翔鶴副長。18，９，１霞ヶ浦空教官。19，３，29第２航戦参謀。19，７，10大村空司令。20，１，１軍令部出仕兼部員兼横鎮守府参謀。20，６，20呉鎮参謀。

土肥一夫（1906～1988）（兵54）中佐　15，10，４第４艦隊航海参謀。17，７，14連合艦隊参謀兼副官。19，１，20軍令部員。20，４，20兼軍務局員。20，５，27兼大本営総合部員。

鳥巣建之助（1908～2004）（兵58）中佐　16，潜水学校甲種学生。17，6，30伊165潜水艦長。18，7，1海大学生。19，2，5第6艦隊参謀兼第1特別基地隊参謀。

豊田隈雄（1901～1995）（兵51）大佐　9，11，1海軍大学校甲種学生。11，12，1海軍航空本部総務部員。12，12，1兼軍務局員。13，8，15第一連合航空隊参謀。12，26人事局員。15，11，25ドイツ大使館附武官補佐官。20，12，6予備役即日充員招集（第2復員省・大臣官房服務）。

中島親孝（1905～1992）（兵54）中佐　15，4，24軍令部員。16，9，15第2艦隊参謀。17，7，14第3艦隊参謀。18，11，15連合艦隊参謀。20，4，25兼海軍総隊参謀。

長束　巌（1912～　）（機42）中佐　16，大学校選科学生。19，航空技術廠飛行機部部員。

新見政一（1887～1993）（兵36）中将　10，11，15呉鎮守府参謀長。11，4，1第2艦隊参謀長。11，12，1出仕。12，12，1教育局長。14，11，15海兵校長。16，4，4第2遣支艦隊長官。17，7，14舞鶴鎮守府長官。18，12，1出仕。19，3，20予備役。

野元為輝（1894～1987）（兵44）少将　14，5，1第14空司令。15，6，3千歳艦長。15，11，5瑞鳳艦長。16，9，20筑波空司令。17，6，5瑞鶴艦長。18，6，20練習連合航空総隊参謀長。19，9，1第11連空司令。19，12，15第903空司令。

平塚清一（1915～2013）（兵62）少佐　15，金剛分隊長。16，最上分隊長。17，大和分隊長。19，第14根拠地隊参謀。

福地誠夫（1904～2007）（兵53）大佐　14，12，10海軍省副官兼大臣秘書官。17，6，27支那方面艦隊参謀。19，人事局員。

保科善四郎（1891〜1991）（兵41）中将　10，10，30軍務局第１課長。13，１，15支那方面艦隊参謀副長。13，４，25妙高艦長。13，11，15鳥海艦長。14，11，１陸奥艦長。15，11，15兵備局長。20，３，１軍務局次長。20，５，15軍務局長。

牧野　茂（1902〜1996）技術大佐　11，呉海軍工廠造船部設計部主任。16，艦政本部部員兼技術会議議員。17，艦政本部部員兼技術会議議員参謀本部附。20，海軍艦政本部第四部設計主任。

黛　治夫（1899〜1992）（兵47）大佐　３，12海軍大学校甲種学生。５，12日向副砲長。６，10浅間副砲長。７，７赤城副砲長。７，11砲術学校教官。９，６アメリカ駐在。11，７軍務局出仕。12，12砲術学校教官。14，１第４根参謀。14，６砲術学校教官。14，11古鷹副長。16，９大和副長。16，10第３遣支艦隊参謀。17，３秋津洲艦長。17，12第11航艦兼第８艦隊参謀。18，２横須賀砲術学校教頭。18，12利根艦長。20，１横鎮参謀副長。20，11予備役。

三代一就（1902〜1994）（兵51）大佐　14，11，15軍令部作戦課航空主務部員。17，12，24第11航艦参謀。18，１，４兼南東方面艦隊参謀。18，10，１第732空司令。19，７，10横須賀空副長兼教頭。

安井保門（1903〜　）（兵51）大佐　16，艦政本部部員兼航空本部技術部部員技術研究所所員技術会議議員。19，艦政本部部員兼航空本部部員大学校教官相模工廠化学実験部部員技術会議議員。

吉井道教（1902〜1987）（兵51）大佐　14，12，１駐英武官補佐官。17，１，５軍令部英国班長。18，７，19第24特根参謀兼副長。18，11，30第24根参謀。19，５，20第四航戦参謀。20，３，１人事局１課先任局員。20，５，27兼大本営綜合部編制班部員。

本書は、二〇一八年八月に完結した『[証言録]海軍反省会』全十一巻（ＰＨＰ研究所）の中から、「特攻」に関わる議論の主要な箇所をピックアップし、再編集したものです。

本書の発言の中には現代では不適切な表現が散見されますが、発言者がすでに故人であること、また、史料としての正確さを尊重する立場から残された録音をそのまま再現していることをご了承下さい。

反省会発言者の中で、連絡の取れなかった方が数名いらっしゃいます。お心当たりのある方はＰＨＰ研究所第一制作部ＰＨＰ新書課までご連絡下さい。

PHP新書
PHP INTERFACE
https://www.php.co.jp/

戸髙一成［とだか・かずしげ］

1948年、宮崎県生まれ。多摩美術大学美術学部卒業。1992年、㈶史料調査会理事就任。1999年、厚生省（現厚生労働省）所管「昭和館」図書情報部長就任。2005年、呉市海事歴史科学館（大和ミュージアム）館長就任。
著書に『戦艦大和に捧ぐ』『聞き書き・日本海軍史』（以上、PHP研究所）、『海戦からみた日露戦争』（角川oneテーマ21）など。編・監訳に『秋山真之戦術論集』『マハン海軍戦略』（以上、中央公論新社）、『［証言録］海軍反省会』（1～11）（PHP研究所）などがある。

特攻 知られざる内幕
「海軍反省会」当事者たちの証言

（PHP新書 1168）

二〇一八年十二月二十八日　第一版第一刷

編者――戸髙一成
発行者――後藤淳一
発行所――株式会社PHP研究所
東京本部――〒135-8137　江東区豊洲5-6-52
第一制作部PHP新書課　☎03-3520-9615（編集）
普及部　☎03-3520-9630（販売）
京都本部――〒601-8411　京都市南区西九条北ノ内町11
組版
制作協力――株式会社PHPエディターズ・グループ
装幀者――芦澤泰偉＋児崎雅淑
印刷所
製本所――図書印刷株式会社

ISBN978-4-569-84214-1

ＰＨＰ新書刊行にあたって

「繁栄を通じて平和と幸福を」(PEACE and HAPPINESS through PROSPERITY)の願いのもと、ＰＨＰ研究所が創設されて今年で五十周年を迎えます。その歩みは、日本人が先の戦争を乗り越え、並々ならぬ努力を続けて、今日の繁栄を築き上げてきた軌跡に重なります。

しかし、平和で豊かな生活を手にした現在、多くの日本人は、自分が何のために生きているのか、どのように生きていきたいのかを、見失いつつあるように思われます。そして、その間にも、日本国内や世界のみならず地球規模での大きな変化が日々生起し、解決すべき問題となって私たちのもとに押し寄せてきます。

このような時代に人生の確かな価値を見出し、生きる喜びに満ちあふれた社会を実現するために、いま何が求められているのでしょうか。それは、先達が培ってきた知恵を紡ぎ直すこと、その上で自分たち一人一人がおかれた現実と進むべき未来について丹念に考えていくこと以外にはありません。

その営みは、単なる知識に終わらない深い思索へ、そしてよく生きるための哲学への旅でもあります。弊所が創設五十周年を迎えましたのを機に、ＰＨＰ新書を創刊し、この新たな旅を読者と共に歩んでいきたいと思っています。多くの読者の共感と支援を心よりお願いいたします。

一九九六年十月

ＰＨＰ研究所